河南省煤矿采空区塌陷灾害治理方法研究

田奎生　王艳霞　著

黄河水利出版社

·郑州·

图书在版编目(CIP)数据

河南省煤矿采空区塌陷灾害治理方法研究/田奎生，王艳霞著. —郑州：黄河水利出版社，2010.9

ISBN 978-7-80734-906-8

Ⅰ.①河…　Ⅱ.①田…　②王…　Ⅲ.①煤矿开采—地面沉降—灾害防治—研究—河南省　Ⅳ.①TD327

中国版本图书馆 CIP 数据核字(2010)第 181720 号

组稿编辑：王路平　电话：0371-66022212　E-mail：hhslwlp@126.com

出 版 社：黄河水利出版社

地址：河南省郑州市顺河路黄委会综合楼 14 层　邮政编码：450003

发行单位：黄河水利出版社

发行部电话：0371-66026940、66020550、66028024、66022620(传真)

E-mail：hhslcbs@126.com

承印单位：黄河水利委员会印刷厂

开本：850 mm×1 168 mm　1 / 32

印张：6.75

字数：170 字　　印数：1—1 000

版次：2010 年 9 月第 1 版　　印次：2010 年 9 月第 1 次印刷

定价：20.00 元

前　言

煤矿采空区塌陷灾害是一个世界性难题，西方发达国家包括德国著名的鲁尔矿区都曾不可避免地遇到类似难题。但凡进行煤炭开采的企业,都会由于采空塌陷这一煤矿特有的生产破坏形式，从而带来一系列的社会、经济和环境问题，造成人与自然的不和谐，严重制约了国民经济的健康、稳定发展。值得庆幸的是，部分煤矿已针对采空塌陷问题陆续开展了专项研究工作，并有步骤地展开了对其的综合治理，收到了良好的成效。

河南省是一个采煤大省，煤炭资源非常丰富，已开采的煤矿众多，都不同程度地存在采空塌陷危害。由于采空塌陷对耕地、矿山环境、地表建筑物及其设施的破坏在全省范围内都非常严重，因而对煤矿采空区塌陷灾害的研究、治理任务十分艰巨。

河南省幅员辽阔，山区、丘陵和平原地貌单元都有分布，因采煤造成的采空塌陷可分为以义马、济源等矿区为代表的丘陵型塌陷和以永城、平顶山、焦作为代表的平原型塌陷两大类；按照地面塌陷程度、地表附着物的破坏程度不同，又可分为塌陷严重区、塌陷次严重区、塌陷轻微区、无塌陷区四类。已有的煤矿采空区及其相关的地质灾害调查研究成果为全省的采空塌陷区调查与治理提供了较为科学的依据。就灾害特点上，其具有群发性、衍生性、区域性、持续时间长期性、不可避免性和可预防性等，以上特性决定了对采空区塌陷灾害的治理必须依靠科学的理论、先进的施工工艺。

本书通过对河南省内 15 个不同地域、不同地质条件、不同开采方式的煤矿采空区塌陷灾害的调查，提出了煤矿采空区塌陷灾害严重程度划分标准、塌陷灾害分类和塌陷区分区，对采空塌陷区的覆岩移动破坏规律、塌陷灾害规律、地表移动和变形因素、塌陷灾害的预测方法、煤矿采空区预计参数、采空区地表允许变形值、采空区稳定性工程地质模式及类型、采空区评价类型和治理等级进行了研究；依据采空区特征、工程目的、施工条件研究了土地复垦、注浆充填、非注浆方法、桩基础处理、建筑物结构保护措施等采空区塌陷灾害治理方法；研究了煤矿在开采过程中控制地面塌陷的方法。

采空区塌陷灾害综合治理在目前经济、技术层面上都能实施，已有众多成功的经验可借鉴，应依靠各级政府的管理和相应的法律法规，发挥煤矿企业各部门的积极性，治理塌陷灾害和减少塌陷灾害并重；以治为主，改善采空塌陷区的地质环境，尽快解决由地面塌陷引起的诸多问题，消除不利影响，减少损失，全面构建和谐社会。

本书共分7章，编写人员及编写分工如下：田奎生编写第1、4、5、6、7章，王艳霞编写第2、3章。

在本书的编写过程中，得到了西安科技大学张志沛教授、煤炭科学研究总院西安研究院李佑郎高工的大力支持和帮助，书中插图由张鑫完成。借此机会向所有给予支持和帮助的同志们表示衷心的感谢。

由于作者水平有限，书中难免有疏漏错误之处，敬请广大读者和同仁批评指正。

作 者

2010年5月

目 录

前 言
第 1 章 概 述 ……(1)
1.1 目的与任务 ……(1)
1.2 前期工作概述 ……(1)
第 2 章 区域概况 ……(5)
2.1 自然地理 ……(5)
2.2 社会经济概况 ……(8)
2.3 区域地质环境背景 ……(11)
第 3 章 煤矿环境地质与采空区塌陷灾害特征 ……(25)
3.1 煤田分布和煤田地质概况 ……(25)
3.2 采空区塌陷灾害发育现状 ……(32)
3.3 采空区塌陷灾害分类标准及分区 ……(39)
3.4 采空区塌陷灾害的基本特征 ……(47)
3.5 采空区塌陷灾害的严重程度 ……(76)
第 4 章 采空区塌陷灾害的机理与稳定性分析 ……(77)
4.1 采空区塌陷对煤矿地质环境的影响 ……(77)
4.2 煤矿采空区覆岩移动破坏规律 ……(80)
4.3 煤矿采空区塌陷灾害的规律 ……(87)
4.4 影响煤矿采空区地表移动和变形的因素 ……(97)
4.5 塌陷灾害的预测方法 ……(109)
4.6 煤矿采空区预计参数 ……(113)
4.7 采空区地表允许变形值 ……(115)
4.8 采空区稳定性工程地质模式及类型 ……(116)

4.9 采空区评价和治理类级 ……(120)
第5章 采空区塌陷灾害治理方法的研究 ……(129)
5.1 采空区塌陷灾害治理方法的分类 ……(129)
5.2 选择采空区塌陷灾害治理方法的原则 ……(131)
5.3 土地复垦 ……(133)
5.4 注浆充填 ……(148)
5.5 非注浆方法 ……(159)
5.6 桩基础处理采空区 ……(160)
5.7 建筑物结构保护措施 ……(162)
5.8 采空区塌陷灾害治理方法建议 ……(168)
第6章 煤矿在开采过程中控制地面塌陷的方法研究 ……(180)
6.1 在开采过程中控制地面塌陷方法的分类 ……(180)
6.2 采矿技术措施 ……(183)
6.3 覆岩离层充填方法 ……(188)
6.4 特殊条件下的开采保护措施 ……(191)
6.5 采空区塌陷灾害的防治综合系统 ……(200)
第7章 结论与建议 ……(203)
7.1 结　论 ……(203)
7.2 建　议 ……(205)
参考文献 ……(207)
参考资料 ……(210)

第 1 章 概 述

1.1 目的与任务

《河南省煤矿采空区塌陷灾害治理方法研究》是河南省财政两权价款资金资助的“河南省 2004 年度矿山地质环境治理项目”之一，旨在通过对全省不同地域、不同地质条件下、不同开采方式所形成的部分煤矿采空塌陷区的调查，研究经济合理的煤矿采空区塌陷灾害治理方法。主要任务是：

(1)重点对河南省内新密、平顶山、义马、焦作、鹤壁等 15 个主要煤矿区因采煤而引起的部分采空区塌陷灾害进行调查，评价采空区塌陷灾害的发育特征及危害程度。

(2)基于上述调查评价结果，结合国内外煤矿采空区塌陷灾害的治理经验，开展河南省煤矿采空区塌陷灾害治理方法研究工作。

1.2 前期工作概述

20 世纪 50 年代以来，全省完成了区域地质、煤田地质、水文地质、工程地质、环境地质、矿山环境地质、地质灾害调查等基础地质工作，对煤矿采空区及其相关的地质灾害调查研究工作主要是在近十年内进行的，工作程度见表 1-1。以上成果为本次工作提供了基础地质资料。

自 2001 年以来，已完成的卢氏、灵宝、林州、禹州、汝州、栾川、内乡、光山、泌阳、修武等10个县(市)地质灾害调查区划工作，大都涉及了煤矿采空区塌陷灾害问题，其成果是本次调查研究工作的重要参考资料。

《河南省地方煤矿环境地质灾害与防治对策》、《河南省矿山地质环境现状调查》及《河南省矿山地质环境调查与评估报告》等已有的调查报告初步查明了省内矿产开发过程中存在的主要环境地质问题，对矿山环境地质问题的发育强度、危害程度和发展趋势进行了分区评价预测，并针对近期矿山地质环境保护与防治提出了具体的措施和建议，为本次煤矿采空区塌陷灾害治理方法研究工作提供了丰富、翔实的基础资料，具有极高的参考价值。

表 1-1　煤矿采空区工作程度评述

项目名称	完成单位	完成时间	主要成果
河南省地方煤矿环境地质灾害与防治对策	焦作工学院	1994~1995年	对全省3 066处地方煤矿的几十处矿区的采煤塌陷、煤层、煤矸石自燃、矿坑突水、矿井瓦斯等方面进行现场及室内分析研究，提出了相应的治理和利用对策
1/50万河南省环境地质调查	河南省地质环境监测总站	1996~2001年	对河南省环境地质问题的分布规律、发育特征、地质灾害发育程度、地下水环境质量进行了定性和半定量分区评价，圈定了地质灾害危险区和重点地质灾害防治区
河南省地质灾害防治规划	河南省地质科学研究所、河南省地质环境监测总站	2000年	对全省主要地质灾害的现状发育程度和分区、地质灾害防治现状等作了客观的论述和总结，完善了行政管理体系

续表 1-1

项目名称	完成单位	完成时间	主要成果
县(市)地质灾害调查与区划	河南省地质环境监测总站	2000～2002 年	对卢氏县、灵宝市、林州市、汝州市、栾川县、禹州市、泌阳县、修武县、内乡县、光山县(市)地质灾害及其隐患进行调查，划分出地质灾害易发区，建立地质灾害信息系统，健全“群专结合，群测群防”的监测网络
河南省矿山地质环境现状调查	河南省地质科学研究所	2001～2002 年	对全省 142 个矿山进行了调研，初步查明了省内矿产开发过程中存在的主要环境地质问题，对矿山环境地质问题的发育强度、危害程度和发展趋势进行了分区评价预测，并针对近期矿山地质环境保护与防治提出了具体的措施和建议，为河南省国民经济发展规划、地质灾害防治、环境地质保护提供了科学依据
河南省平顶山煤矿区地质环境调查评价报告	河南省地矿建设工程(集团)有限公司、平顶山煤业(集团)有限责任公司	2002 年	初步查明了矿山开采遇到的和诱发的地质灾害，对矿山环境的形成机制、发育和分布规律及其危害性进行了全面调查、分析论述。在综合分析矿区地质环境条件、地质灾害分布规律的基础上，采用定性—半定量方法，对地质灾害发育强度进行了分区评价。针对不同地质灾害的特征划分了防治规划分区，并分别提出了防治规划方法及建议

续表 1-1

项目名称	完成单位	完成时间	主要成果
河南省郑州矿区采煤塌陷受灾情况报告	郑州煤炭工业(集团)有限责任公司、煤炭工业部郑州设计研究院	2002～2003年	对矿区各矿的基本情况、塌陷面积、分布情况进行了初步调查，对采矿塌陷对公共设施、居民房屋造成的危害情况进行了详细调查
河南省矿山地质环境调查与评估报告	河南省地质环境监测总站	2003年	基本查明矿山基本情况；查明矿山开发引起的环境地质问题及其危害，调查与评价矿山地质环境治理措施及效果；对矿山地质环境现状作出初步评估

第 2 章　区域概况

2.1　自然地理

2.1.1　交通位置

河南省位于我国中部，黄河中下游。东临安徽、山东，西接陕西，北与山西、河北接壤，南与湖北交界。地理坐标：东经 110°21′～116°39′，北纬 31°23′～36°22′。南北纵跨 530 km，东西横亘 580 km，总面积 16.7×10^4 km^2，约占全国总面积的 1.73%。

河南地处中原，为全国重要的交通枢纽。陇海铁路横贯东西，并与京广、京九、焦柳铁路分别交会于郑州、商丘、洛阳，与太新、新兖、漯阜铁路分别交会于新乡、漯河，在南部东西贯穿全境的宁西铁路已建成通车，铁路在河南境内已形成网络。公路四通八达，公路通车里程达到 69 040 km。京珠高速(河南段)、连霍高速(河南段)、大广高速、二广高速、兰南高速、郑少洛高速等已建成通车。以郑州新郑国际机场为中心的航空运输有 40 余条航线通向世界、全国和省内部分地区。

2.1.2　气象水文

河南省处于暖温带和亚热带气候过渡区，气候具明显的过渡特征。我国暖温带和亚热带的地理分界线——秦岭至淮河线正好贯穿河南境内的伏牛山脊和淮河沿岸，此线以南的信阳、南阳及驻马店部分地区属亚热带湿润半湿润季风气候带，以北属暖温带干旱半干旱季风气候区。

全省多年平均气温 12.8 ~ 15.5 ℃。7 月气温最高，月平均气温 27 ~ 28 ℃，1 月气温最低，月平均气温–2 ~ 2 ℃。全年无霜期为 190 ~ 230 d。多年平均降水量 600 ~ 1 200 mm，淮河以南达 1 000 ~ 1 200 mm，黄淮河之间(包括豫西山区)年降水量 700 ~ 900 mm，豫北及豫西黄土地区为 600 ~ 700 mm，南阳盆地年降水量为 750 ~ 850 mm，具有从南向北递减的趋势。年蒸发量 1 100 ~ 1 700 mm，由北向南递减。

河南省内河流较多，由西向北、东、南呈放射状分流，分属海河、黄河、淮河及长江水系。大小河流 1 500 余条，流域面积在 100 km^2 以上的河流有 470 多条，1 000 km^2 以上的有 50 多条，超过 5 000 km^2 的有 16 条。黄河自西向东横贯河南省中北部，主要支流有伊洛河、沁河、天然文岩渠等，境内流长 711 km，流域面积 3.6×10^4 km^2，占全省面积的 21.6%，三门峡水库和小浪底工程均在其干流上。淮河发源于境内桐柏山主峰太白顶下，横贯河南省东南部，流经大别山北麓，主要支流有竹竿河、潢河、史灌河、洪河等，境内流长 340 km，流域面积约 8.8×10^4 km^2，占全省总面积的 52.7%。长江水系在境内主要有唐河、白河、丹江等支流，流经河南省西南部，境内流域面积 2.7×10^4 km^2，占全省总面积的 16.2%。境内流域面积最小的是北部的海河水系，流域面积只有 1.5×10^4 km^2，占全省总面积的 9.0%。

2.1.3 地形地貌

河南省地貌显著的特点是北、西、南三面为山地、丘陵和台地，东部为坦荡辽阔的黄淮海平原。其地势西高东低，从西向东呈阶梯状下降，由西部的中山、低山、丘陵和台地，逐渐下降为平原。河南省在全国地貌中的位置，正处于第二级地貌台阶向第三级地貌台阶过渡的地带，西部的太行山、崤山、熊耳山、嵩箕山、外方山、伏牛山等山地，属于第二级地貌台阶，东部平原和西南部的南阳盆地，属于第三级地貌台阶，而南部边境地带的桐柏—大别山构成第三级地貌台阶中的横向突起。

北部的太行山构成山西高原与华北平原的天然分界，境内长达 185 km，山地海拔多在 500 ~ 1 000 m，最高海拔 1 725 m，呈现山高谷深、山势陡峻雄伟的断块山地的地貌特征。山地中分布的一系列构造盆地，如林州盆地、临淇盆地等，构成山地中的负地貌形态。

豫西山地地貌：包括小秦岭、崤山、熊耳山、外方山、嵩箕山、伏牛山等，属于秦岭山脉的东延部分。豫西山地由西呈扇形分别向东北、东、东南展布，为黄河、长江、淮河三大水系的分水岭，伏牛山主脊为我国亚热带和暖温带在河南境内的分界线。豫西山地的主要山峰海拔多在 1 500 m 以上，较高的山峰海拔超过 2 000 m，灵宝境内的老鸦岔脑海拔 2 413.8 m，为河南省最高峰。

黄土地貌：分布在豫西山地与太行山之间的黄河流域，按形态可分为黄土陵(梁、峁)和黄土塬(台塬)。黄土陵(梁、峁)主要分布在郑州以西至偃师，黄土梁长轴方向多东西向或北西—南东向，黄土峁两侧对称，坡度平缓，面积较小；黄土塬(台塬)主要分布在孟津以西至灵宝一带以及洛河两岸，塬面较平坦，但微有倾斜，冲沟发育呈树枝状。

豫南山地地貌：指横亘于豫鄂两省边界的桐柏山和大别山，两山呈东西向展布，是江、淮两大水系的分水岭，是我国南北之分界。海拔多在 300 ~ 800 m，只有主峰超过 1 000 m，如太白顶海拔 1 140 m。

南阳盆地地貌：是全省最大的山间盆地，属南襄盆地的一部分，北、东、西三面环山，其地势由盆地边缘向中心和缓倾斜，具有明显的环状和阶梯状地貌特征，盆地海拔在 200 m 以下，盆地东西宽 120 km，南北长 150 km，呈椭圆形，面积约 11 900 km^2。

东部平原地貌：属我国最大的平原——华北平原的西南部分，因由黄河、淮河、海河三大水系共同冲积而成，也称黄淮海平原，它由一系列河流冲积扇组合而成，而且以黄河大冲积扇为主体。

2.2 社会经济概况

2.2.1 人口及城乡建设

截至目前，河南省有17个省辖市和1个省管县级市及20个县级市、48个市辖区、89个市辖县、869个镇、1 249个乡、310个街道办事处、3 170个居民委员会、47 298个村民委员会。

河南省是我国人口分布最稠密的省区之一，2005年年底，全省总人口超过9 768万人，其中全省城镇人口2 994万人，占30.65%；乡村人口6 774万人，占69.35%。

截至2005年，全省地区生产总值10 535.20亿元，成为全国第五个经济总量超万亿元的省份。其中，第一产业增加值1 843.04亿元，增长7.5%；第二产业增加值5 539.33亿元，增长17.6%；第三产业增加值3 152.83亿元，增长12.6%。全省人均生产总值11 236元。

河南省城市建设发展较快，2005年年底城市面积达13 345 km^2，建成区面积1 249 km^2，全省平均每户住房间数为2.71间，人均住房面积21.89 m^2，建成区绿化覆盖面积36 063 hm^2，建成区绿化覆盖率28.9%。

“十五”期间河南省加大城镇化建设步伐，已初步形成了以郑州为中心的洛阳、开封、新乡、焦作、许昌等中原城市群，在交通、能源、通信等基础建设方面的一体化发展趋势正在加强，中心城市对区域经济社会发展的吸引力、辐射力明显增强；洛阳、开封、商丘、安阳等已成为区域中心城市和旅游胜地；工矿城市主要有以煤矿开采而兴起的平顶山、焦作、鹤壁、义马、新密、永城，以水资源开发而兴起的三门峡，以油田开发而兴建的濮阳，以钢铁工业而兴建的安阳、舞阳。此外，历史上形成的区域中心城市有新乡、许昌、驻马店、周口、漯河、信阳等。

2.2.2　工业经济

目前，河南已形成以国有企业为主导，大中型企业为骨干，机械、电子、化工、冶金、建材、纺织、食品、医药、烟草为支柱，门类比较齐全、布局较为合理的工业体系。近年来，平均每年全省工业总产值超过 8 100 亿元，其中轻工业 3 489.18 亿元，重工业 4 686.76 亿元，全年工业增加值为 2 508.73 亿元。

2.2.3　农业经济

河南省土地肥沃，是我国主要粮棉油产区，主要粮食品种有小麦、玉米、水稻、红薯和大豆等，主要经济作物有烤烟、芝麻、棉花等。近年来，平均每年全省粮油总产量分别为 4 210 万 t 和 421 万 t。全省农林牧渔业总产值为 2 194.81 亿元，其中，农业 1 360.26 亿元，林业 60.45 亿元，牧业 750.73 亿元，渔业 23.37 亿元。

2.2.4　矿产资源概况

截至目前，全省已发现各类矿产 126 种(含亚矿种为 154 种)，探明资源储量的为 73 种(含亚矿种为 81 种)，已开发利用的为 81 种(含亚矿种为 106 种)。

省内已探明资源储量并载入河南省矿产资源储量表的固体矿产地共 936 处，分布在 66 个县(市、区)中，其中主矿产(含单一矿产)产地 719 处，伴、共生矿产产地 217 处。从矿产规模看，特大型的矿产地有 4 处，大型的有 125 处，中型的有 256 处，小型的有 405 处，其余的暂无规模指标。

省内矿产绝大多数分布在京广线以西和豫南的丘陵、山区，豫东平原上除中原油田和永城煤田外，金属和非金属矿床屈指可数。

当前储量与开采量均较大的优势矿产有煤、石油、天然气、铝土矿、钼、金、银、耐火黏土、萤石、水泥用灰岩、玻璃用石英岩、玉石、天然碱等，其中煤、石油及天然气、铝土矿、耐火黏土、钼、金等几种矿产的采选在我国占有重要的地位，对河南省相关工业的发展有重大影响。

河南省煤炭在垂深 2 000 m 以浅含煤的面积约 19 000 km^2，占全省面积的 11%;已勘察面积约 4 000 km^2,占含煤面积的 21%。全省 135 个县(市)中都有煤炭资源赋存。根据资源分布和含煤地质特征，全省共划分为 19 个煤田和 5 个含煤区。截至 2003 年年底,河南省煤炭资源总量为 1 130.99 亿 t,占全国资源总量的 2.0%,全省共有不同勘察程度的煤矿区(井田)286 处，保有资源储量 245.55 亿 t，约占全国的 2.8%，位居全国第十位。

河南煤炭资源开发历史悠久，目前已形成了以平煤集团等六大国有重点煤矿为主体，地方煤矿为骨干，乡村集体和个体煤矿星罗棋布的生产开发格局。1998 年年底，全省共有国有生产矿井 114 处，煤炭年生产能力 617 万 t，其中国有重点煤矿 46 处，年生产能力 4 631 万 t; 国有地方煤矿 68 处，年生产能力 1 539 万 t; 全省乡镇、集体及个体煤矿 3 700 处，年生产能力在 4 000 万 t 以上。到 2005 年年底，河南省煤炭工业原煤产量为 18 761.4 万 t。

2005 年，全省工业企业盈亏相抵后实现利润总额 667.95 亿元，增长 64.5%。其中能源、食品、非金属矿物制品、有色金属冶炼及压延加工等行业带领全省工业利润快速增长，而煤炭开采和洗选业实现利润总额 91.25 亿元，增加率为 69.2%，对全省利润增长的贡献率为 14.3%，拉动全省利润总额增长 9.2 个百分点，位居各行业之首。

2.3 区域地质环境背景

2.3.1 地层

河南省地层发育齐全，从太古界到新生界均有出露。以栾川—固始韧性剪切带为界分为华北和秦岭两个地层区，秦岭地层区又以镇平—龟山韧性剪切带为界分为北秦岭和南秦岭两个分区。以华北地层为例，各时代地层岩性见表 2-1。各时代地层层序与相关矿产见表 2-2。

表 2-1　河南省地层岩性(华北地层区)

界	系	统	厚度(m)	岩性简述
新生界(Kz)	第四系(Q)	全新统(Q_4)	3 ~ 60	为河流冲积层，局部有湖泊沉积和风积，厚 3 ~ 40 m，最大厚度分布在开封一带，厚 60 m
		上更新统(Q_3)	5 ~ 60	在豫西为河流相沉积，厚 5 ~ 10 m，灵宝—郑州有以风积为主的马兰黄土，厚 10 ~ 40 m，东部平原为冲积沉积，厚 20 ~ 60 m
		中更新统(Q_2)	10 ~ 60	在豫西为河流—湖泊相沉积，豫西南有冲洪积层
		下更新统(Q_1)	43 ~ 220	为河流湖泊相沉积，局部有冰碛层分布
	新近系(N)		500 ~ 800	在卢氏、汤阴、洛阳盆地及濮阳凹陷有分布
	古近系(E)		1 000 ~ 3 150	在潭头、卢氏、三门峡、洛阳、济源盆地出露

续表 2-1

界	系	统	厚度(m)	岩性简述
中生界(Mz)	白垩系(K)		1 108 ~ 1 807	分布零星，宝丰大营有中基性火山岩，汝阳九店有凝灰岩夹砾岩，义马、三门峡、潭头盆地主要为河流相紫红色粉砂岩
	侏罗系(J)		497	为湖泊相、沼泽相砂岩、泥岩夹煤层
	三叠系(T)	上统(T_3)	2 718	为砂岩、泥岩、夹泥灰岩、煤层、油页岩
		中统(T_2)	199 ~ 609	为砂岩与泥岩互层
		下统(T_1)	329 ~ 849	为紫红色砂岩夹泥岩
上古生界(Pz_2)	二叠系(P)	上统(P_2)	366	为砂岩、页岩夹煤层
		下统(P_1)	1 100	为砂岩、泥岩夹煤层、海绵岩、厚层长石石英砂岩、粉砂岩
	石炭系(C)	上统(C_3)	149	为铁铝质岩系，灰岩夹砂岩、泥岩及煤层
下古生界(Pz_1)	奥陶系(O)	中统(O_2)	84 ~ 672	分布在三门峡—禹州以北，平行不整合于下统或上寒武统之上，主要为白云岩、灰岩
		下统(O_1)	60	为燧石团块白云岩、细晶白云岩
	寒武系(∈)	上统($\in_3$)	76 ~ 293	为泥质白云岩、白云岩
		中统($\in_2$)	306 ~ 634	为含云母页岩、海绿石砂岩夹灰岩、鲕状灰岩
		下统($\in_1$)	37 ~ 483	为含磷砂岩、含膏白云岩、云斑灰岩、泥质白云岩

续表 2-1

界	系	统	厚度(m)	岩性简述
新元古界(Pt_3)	栾川群(P_{t3ln})		2 495 ~ 3 126	平行不整合于官道口群之上，为浅海陆棚—局限台地相沉积的石英岩、云母石英片岩、大理岩、夹炭质页岩，顶部有变粗面岩
	洛峪群(P_{t3ly})		212 ~ 611	为滨海相—浅海相沉积的页岩、石英砂岩、白云岩
中元古界(Pt_2)	官道口群(P_{t2gh})		1 793 ~ 3 076	不整合于熊耳群之上，下部为海滩相石英砂岩，上部为局限台地相含叠层石大理岩
	汝阳群(P_{t2ry})		939 ~ 2 346	不整合于熊耳群之上，为海滩—潮坪相沉积，主要为石英砂岩夹页岩，上部为砾屑白云岩
	熊耳群(P_{t2xn})		4 154 ~ 8 545	不整合于登封群、太华群、嵩山群之上，底部为碎屑岩，主体为陆内裂谷生成的玄武岩、粗面岩、安山岩、流纹岩
古元古界(Pt_1)	嵩山群(P_{t1sn})		1 170 ~ 3 228	不整合于登封群之上，为滨海—浅海相沉积，由石英岩、云母片岩、千枚岩夹白云岩组成
新太古界(Ar)	登封群(A_{rdn})			由花岗—绿岩带组成，花岗质岩系属 TTG 岩系，绿岩带下部为超铁镁火山岩，上部为沉积岩系
	太华群(A_{rth})			下部为英云闪长岩，上部为绿岩带，属科马提岩及沉积岩系

表 2-2 河南省地层层序及相关矿产简表

系	统	华北地层区		秦岭地层区		主要相关矿产资源
		豫西分区	豫东分区	豫西南分区	豫东南分区	
第四系	全新统	冲积层	冲积层 风积层	冲积层		水泥黏土、砂
	上更新统	冲洪积层	冲积—湖积层	冲积—湖积层/冲洪积层		
	中更新统	陕县组/离石黄土/坡积残积层	冲积—湖积层/冲积—残积层	冲积—湖积层/冲洪积层/洞穴堆积层/坡积—洪积层		
	下更新统	三门组/午成黄土/冰积层	冲积—湖积层	五里店组		
新近系	上新统	帮乐组/棉凹组 路王坟组	明化镇组	凤凰镇组		铀、溶剂灰岩
	中新统	鹤壁组 彰武组 洛阳组	关陶组			

续表 2-2

系	统		华北地层区		秦岭地层区		主要相关矿产资源
			豫西分区	豫东分区	豫西南分区	豫东南分区	
古近系	渐新统		大峪组	东营组	廖庄组		石油、天然气
	始新统	上	卢氏组	沙河街组	核桃园组		
		中	张家村组		大仓房组		
		下	潭头组	孔店组	玉皇顶组		
	古新统		大章组		白营组		
			高峪沟组				
白垩系	上统		秋扒组		四沟组	周家湾组	膨润土、珍珠岩、沸石
					马家村组		
					高沟组		
	下统		大营组/西谭楼组		白湾组	陈棚组	
侏罗系	上统		上统未分			段集组	煤炭
	中统		马凹组			朱集组	
	下统		义马组(鞍腰组)				

续表 2-2

系	统	华北地层区		秦岭地层区		主要相关矿产资源
		豫西分区	豫东分区	豫西南分区	豫东南分区	
三叠系	上统	谭庄组		上三叠统未分		
		春树腰组				
	中统	油房庄组				
		二马营组				
	下统	和尚沟组				
		刘家沟组				
二叠系	上统	石千峰组				
		上石盒子组				煤炭、耐火黏土、黏土
	下统	下石盒子组				
		山西组				

续表 2-2

系	统	华北地层区		秦岭地层区		主要相关矿产资源
		豫西分区	豫东分区	豫西南分区	豫东南分区	
石炭系	上统	太原组			双石头组	煤、溶剂灰岩
					杨小庄组	
	中统	本溪组	中统未分		胡油房组	铁矿(山西式)、铝土矿等
					道人冲组	
	下统		梁沟组		杨山组	
			下集组		花园墙组	
泥盆系	上统		葫芦山组			大理岩
			王观沟组			
	中统		白山组			
下志留统			张湾组			
奥陶系	上统		中上统未分			铁矿、溶剂灰岩、水泥灰岩
	中统	峰峰组				
		上马家沟组				
		下马家沟组				
	下统	亮甲山组	牛尾巴山组			白云岩
		冶里组	白龙庙组			

续表 2-2

系	统	华北地层区		秦岭地层区			主要相关矿产资源
		豫西分区	豫东分区	豫西南分区		豫东南分区	
寒武系	上统	凤山组		三游洞群/徐家庄组			白云岩
		长山组					
		崮山组					
	中统	张夏组		覃家庙组/胡家庄群			水泥灰岩
		徐庄组					
		毛庄组					
	下统	馒头组		石龙洞组	祖师庙群		石煤、铀、钒、溶剂灰岩、磷
		辛集组		天河板组			
				石牌河组			
				水井沱组			

2.3.2　构造

河南省大地构造上跨华北板块和扬子板块。以三门峡—鲁山、西官庄—镇平和龟山—梅山三条北西向区域性断裂带为界，将河南省划分为三个基本构造单元，自北向南分别为华北板块、华北板块南缘构造带和扬子板块北缘构造带(见图 2-1)。

根据成矿地质构造条件分为以下几个成矿区：

(1)豫北、豫西、豫中煤、铝、碳酸盐岩类矿产、耐火土矿成矿区；

(2)小秦岭、熊耳山、外方山多金属成矿带；

(3)秦岭造山带多金属及特殊非金属成矿区；

(4)新生代盆地油、气、盐、碱成矿区。

其中，煤矿采空塌陷区主要位于第一个成矿区。本区为华北板块的一部分，自石炭世到二叠世经历了风化壳铁、铝的沉积，进入了滨海沼泽相的煤盆地沉积和三角洲相的煤盆地沉积形成了巨大煤田。河南省内 90%的煤都是本期形成的。

2.3.3　水文地质条件

2.3.3.1　含水岩组的划分

根据《河南省地下水资源评价报告》，河南省境内含水岩组共划分为四种基本类型，分别阐述如下。

1. 松散岩类孔隙含水岩组

松散岩类孔隙含水岩组主要分布在黄淮海冲积平原、山前倾斜平原和灵三、伊洛、南阳等盆地中，面积约 $12.0\times10^4\,km^2$，地下水主要赋存在第四系、新第三系砂、砂砾、卵砾石层孔隙中。根据松散岩类含水层的岩性组合及埋藏条件，松散岩类孔隙含水岩组一般划分为浅层、中深层、深层三个含水层组。

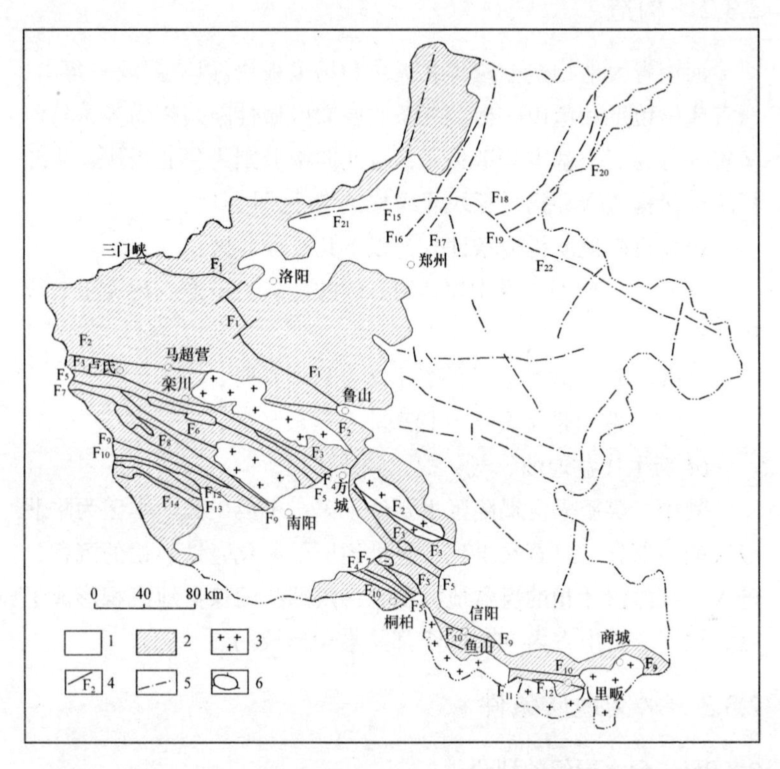

1—新生代覆盖层；2—前新生代基岩出露区；3—以酸性侵入岩体为主；4—主要断裂构造及编号；5—主要陷伏断裂构造；6—构造窗；F_1—三门峡—鲁山断裂；F_2—马超营—拐河—确山断裂带；F_3—栾川—明港断裂带；F_4—景湾韧性断裂带；F_5—瓦穴子—小罗沟断裂带和道士湾、王小庄、小董庄韧性断裂带；F_6—邵家—小寨断裂带；F_7—朱阳关—大河断裂带；F_8—寨根韧性断裂带；F_9—西官庄—镇平—松扒韧性断裂带和龟山梅山韧性断裂带；F_{10}—丁河—内乡韧性剪切带和桐柏商城韧性剪切带；F_{11}—定远韧性剪切带；F_{12}—木家垭—固庙—八里畈韧性剪切带；F_{13}—新物场—田关韧性剪切带；F_{14}—淅川—黄风垭韧性剪切带；F_{15}—任村—西罗平断裂；F_{16}—青羊口断裂；F_{17}—太行山东麓断裂；F_{18}—长垣断裂；F_{19}—黄河断裂；F_{20}—聊城—兰考断裂；F_{21}—盘古寺断裂；F_{22}—焦作—新乡—商丘断裂

图 2-1 构造图

2. 碳酸盐岩类裂隙岩溶含水岩组

碳酸盐岩类裂隙岩溶含水岩组是基岩山区最有供水意义的含水岩组，岩性主要为震旦系、中上寒武系、奥陶系的灰岩、白云质灰岩、泥质灰岩，分布在太行山、嵩箕山、淅川以南山地。一般沿层面和裂隙发育有溶洞、溶隙等，而上寒武、下奥陶系灰岩含水量相对较小。在山前排泄地带的有利部位往往形成大泉。

3. 碎屑岩类孔隙裂隙含水岩组

碎屑岩类孔隙裂隙含水岩组主要赋存于二叠系、三叠系、侏罗系、白垩系、第三系和部分石炭系、震旦系，分布于王屋山、新渑山地、嵩山北麓、箕山西南、平顶山及太行山、大别山前和山间盆地等，含水层主要为砂砾岩和砂岩。受岩性、地质构造、补给条件等因素控制，其泉水流量有所差异，一般富水性较弱。

4. 基岩裂隙含水岩组

基岩裂隙含水岩组系指变质岩和岩浆岩类裂隙含水岩组，分布在伏牛山、桐柏山、大别山区，由花岗岩、片麻岩、片岩、千枚岩、石英岩、白云岩、大理岩组成。地下水赋存在构造质碎带和风化裂隙中，其风化裂隙深度 15 ~ 35 m，局部达 75 m，泉点较多，泉水流量一般为 5.4 ~ 20 m^3/h。

2.3.3.2　地下水的补给、径流和排泄条件

1. 基岩山区

碳酸盐岩类分布地区：构造断裂发育并发育有裂隙岩溶，为降水和地表水体的渗入创造了条件。沿太行山前多有构造裂隙泉出露，或沿断裂带地下水向平原区排泄。

碎屑岩类分布区：岩石多为砂岩、页岩，虽然褶皱断裂较发育，但降水补给较少，富水程度较差，地下水多分布在相对隔水层之上，在低洼及沟谷两侧以泉的形式排泄地下水。

岩浆岩和变质岩类分布区：构造裂隙及风化裂隙较为发育，但裂隙多被风化物充填，降水渗入量较少，且裂隙延伸不长，虽

然泉点分布较多，却受季节影响。

2. 平原地区

地形较平坦，地表多分布砂土、粉细砂、黏土，降水量深入补给浅层水。黄河在郑州以东为悬河，补给平原地下水。沟渠引灌、侧渗及灌溉入渗补给地下水。地下水主要消耗于蒸发和人工开采。

2.3.4 工程地质条件

岩土体类型的区域分布，不仅反映了特定区域的地质环境条件，而且与地质灾害的发育分布及矿山环境地质问题的产生密切相关。根据建造类型、成岩作用、岩性特征及物理力学性质，将全省岩体类型划分为岩浆岩建造类型、变质岩建造类型、碎屑岩建造类型和碳酸盐岩建造类型；将土体类型划分为一般土体类和特殊土体类。

2.3.4.1 岩体类型

1. 岩浆岩建造

坚硬块状侵入岩岩组：较集中地分布于伏牛山、熊耳山和桐柏大别山地，岩性以花岗岩、花岗闪长岩、纯橄榄岩、辉长岩、正长岩等为主，新鲜岩石致密坚硬。

2. 变质岩建造

坚硬块状混合岩、混合质片麻岩岩组：主要分布于伏牛山南麓的西峡及桐柏大别山地，岩性以混合岩、混合花岗岩、混合质角闪斜长片麻岩为主，块状结构，岩石坚硬。

3. 碎屑岩建造

坚硬厚层状砾岩、石英砂岩岩组：分布于岱嵋寨、南泥湖—栾川、云梦山孤石滩、桐柏山等地，岩性以砂砾岩、石英砂岩为主，砂岩、含砾砂岩、钙质泥岩、页岩次之，厚层状结构，坚硬致密。

4. 碳酸盐岩建造

坚硬厚层状中等岩溶化石灰岩岩组：分布于太行山、嵩箕山、外方山及淅川等地，岩性以灰岩、白云质灰岩、鲕状灰岩为主，夹薄层页岩，厚层状结构，致密坚硬。

2.3.4.2　土体类型

1. 一般土体类

1) 碎石土

碎石土主要分布于朝川—宝丰、板桥水库北部，由下更新统砾石、卵石、漂砾、砂等组成，较疏松，粒间连结弱，孔隙比高，力学强度低；孔隙若为黏土充填，则力学强度高，可作为建筑物的地基。

2) 砂土

砂土主要分布于内黄、白道口、长垣、封丘、中牟、开封、兰考、民权、睢县、通许、尉氏、新郑等地，由黄河历次决口泛滥堆积而成，岩性以细砂、粉细砂为主，粗、中砂次之。粒间连结极弱，孔隙比高，连通性好，透水性强，力学强度低。

3) 粉土

粉土广泛分布于黄淮海平原、山间盆地及河谷地带，由全新统、上更新统及中更新统冲积、湖积、洪积物组成。密实至中密，稍湿至湿，可满足一般工程建筑物的地基要求。

4) 黏性土

黏性土广泛分布于黄淮海平原、山间盆地及河谷地带，由全新统、上更新统及中更新统冲积、湖积、洪积物组成。岩性有粉质黏土和黏土，松软可塑，中等压缩性，可满足一般工程建筑物的地基要求。

2. 特殊土体类

湿陷性黄土：主要分布于豫西地区，西起省界，东到郑州，北以太行山南麓为界，南部以卢氏、嵩县、临汝、郏县为界的东西向条带内，东西长 300 km，南北宽 100 km 左右，太行山山间盆地及平顶山北侧有零星分布。黄土显著的特点是大孔隙，垂直节理发育，具有湿陷性，易产生崩塌、滑坡。

膨胀土：主要分布于淮北平原、南阳盆地，豫北及豫西仅有零星出露。主要由下更新统冰碛层、中更新统坡洪积、上更新统冲湖积层组成。岩性为黏土、亚黏土，干燥时呈硬塑状态。裂隙发育，黏粒含量高，由亲水矿物——蒙脱石、伊利石等组成。

软土：广泛分布于平原地区及南阳盆地，主要为淤泥质软土。结构松软，呈软塑、流塑状，最大的特点是含水量高、孔隙比高、压缩性大、强度低、渗透系数小及触变液化。一般埋深 2 ~ 15 m，厚度 1 ~ 7 m。

盐碱土：主要分布在豫东黄河冲积平原上，具有一定的胀缩性和湿陷性，力学强度随含盐量的多寡、潮湿状态的不同而不同。

红黏土：主要分布在豫西低山区的中上部，往往和褐土交错分布。成土母质主要为第三系红土，如伊河两侧(包括伊川县、嵩县、栾川县和涧河南北)丘陵区的部分红黏土；其次为早第四纪红土，如洛河两侧(包括洛宁、宜阳、孟津、偃师等县（市）)丘陵区的红黏土。土的天然含水量、孔隙比等较高，但具有较高的力学强度和较低的压缩性，其厚度变化较大，地层从地表向下由硬变软。

第 3 章　煤矿环境地质与采空区塌陷灾害特征

3.1　煤田分布和煤田地质概况

3.1.1　煤田分布

河南煤田分布主要集中在豫西地区，其次为豫北和豫东，豫南地区很少。全省 135 个市(县)中蕴藏有煤炭资源(见图 3-1)。全省已探明 19 个煤田、5 个含煤区和 9 个预测含煤区，依其地理位置分布如下：

豫北地区有安鹤（安阳—鹤壁）、焦作、济源 3 个煤田和濮阳—汲县、范县、濮城—渠村 3 个含煤区，垂深 2 000 m 以浅煤炭资源赋存量 345.14 亿 t，占全省总量的 29.49%。

豫西地区有陕渑、义马、新安、宜洛、偃龙、荥巩、新密、登封、临汝、平顶山、韩梁、禹县等 12 个煤田和灵宝—卢氏—栾川含煤区，垂深 2 000 m 以浅煤炭资源赋存 543.42 亿 t，占全省总量的 46.43%。

豫东地区有永夏煤田和太康、郸城东、虞城南、周口南 4 个含煤区，埋深 2 000 m 以浅煤炭资源赋存 263.69 亿 t，占全省总量的 22.53%。

豫南地区有确山、南召、商固 3 个小煤田和淅川—内乡零星含煤区，垂深 2 000 m 以浅煤炭资源赋存 18.15 亿 t，仅占全省总量的 1.55%。

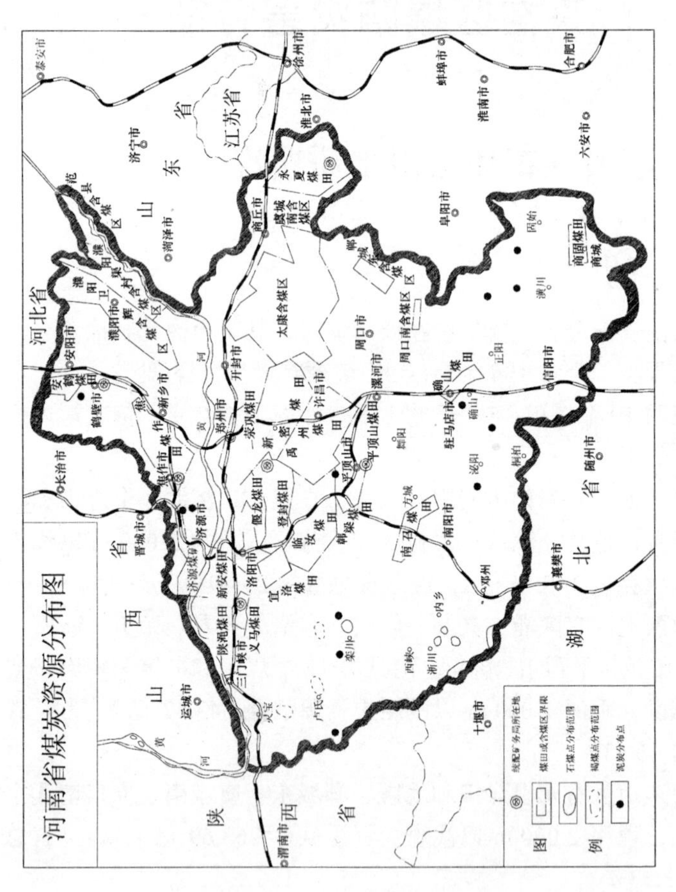

图 3-1 河南省煤炭资源分布示意图

3.1.2　含煤地层与煤层

河南煤田的成煤时代，有寒武系、石炭系、二叠系、三叠系、侏罗系、第三系和第四系，以石炭二叠系为主，约占总储量的 98%。而二叠系山西组二$_1$煤(大煤)又占石炭二叠系储量的 90%以上。次之为侏罗系。各煤田煤层煤质多属低—中灰、低硫、低磷、高发热量、高灰熔点优质炼焦用煤和无烟煤。1990 年全省累计探明储量中无烟煤占 43.7%，烟煤占 56.2%。

河南省含煤地层主要如下。

3.1.2.1　寒武系

河南省寒武系含煤地层仅分布于豫西的卢氏、栾川和豫西南的内乡、淅川等地。煤层赋存于寒武系底部，煤质低劣，储量不多。

3.1.2.2　石炭系

下统(C_1)：分布于商城、固始、新县、克山等地。厚 1 055 ~ 2 055 m，自下而上分为花园墙组、寒坡岭组和杨山组。杨山组为区内主要含煤地层(前人称杨山煤系)，含煤 22 层，均为不稳定煤层。其中局部可采煤层有 5 层(五、七、八、九及十三煤)，余者均不可采或偶尔可采。

中统本溪群(C_{2b})：分布于三门峡—郑州一线以北地区。以铝土质泥岩为主，其上部在安阳、鹤壁一带，为灰黑色、灰色灰岩及炭质泥岩，含薄煤一层，无可采价值。

上统太原群(C_{3t})：是河南省境内主要含煤地层之一，岩性由灰岩、砂岩、砂质泥岩、泥岩及煤层组成。一般可分为三段，即下部灰岩段、中部碎屑岩段及上部灰岩段，总厚度 22 ~ 140 m，一般为 68 m 左右。含煤 2 ~ 19 层，一般 2 ~ 9 层，称为一煤段(组)，在豫北多俗称小煤或下夹煤。主要可采煤层有一$_1$煤，在安阳、鹤壁、焦作等地，一般厚 0.8 ~ 2.0 m；一$_2$煤层一般厚度为 0.7 ~ 0.8 m，在安阳、鹤壁、焦作等地稳定可采，往南发育不好，多为局部可采或偶尔可采。

3.1.2.3 二叠系

分布于三门峡、确山、固始一线以北地区，除上统石千峰组不含煤外，其他各组均含煤，其中山西组为河南省最主要含煤地层。二叠系地层总厚度650 ~ 1 200 m，其中含煤地层厚度为480 ~ 800 m。

下统山西组(P_{1s})：由深灰、灰黑色砂质泥岩、泥岩、砂岩和煤层组成，一般厚度为70 ~ 95 m，含煤1 ~ 7层，称二煤段(组)。煤层总厚平均为6.5 m。山西组二$_1$煤(俗称大煤)层位稳定，全省普遍可采，是当前主要开采对象。煤层厚度0 ~ 37.78 m，平均厚度为5.35 m。其他煤层均为不稳定或不可采。

下统下石盒子组(P_{1x})：本组下以砂锅窑砂岩之底为底界，上以田家沟砂岩之底为顶界，含三、四、五、六煤段(组)。地层总厚度为195 ~ 444 m，一般厚265 m。由次绿、灰白色砂岩，灰紫色铝土质泥岩，灰黄色砂质泥岩，泥岩夹煤层组成，共含煤 0 ~ 11层。

上统上石盒子组(P_{2x})：本组上以平顶山砂岩之底为顶界，下以田家沟砂岩之底为底界，含七、八、九煤段(组)。地层总厚度140 ~ 300 m，平均为 246 m。由紫斑泥岩、泥岩、砂质泥岩、硅质海绵岩、砂岩及煤层组成。

上统石千峰组(P_{2sh})：厚200 ~ 300 m，自下而上分为四段，即平顶山砂岩段、砂泥岩段、泥灰岩段、同生砾岩段，均不含煤层。

3.1.2.4 三叠系

主要分布于三门峡、宜阳、鲁山、上蔡以北地区，豫西的渑池、济源、宜阳、伊川、临汝、登封、巩义一带最发育。地层总厚度近 3 000 m，分为中下统二马营群和上统延长群，仅延长群下部的油房庄组和上部的谭庄组在局部地区含煤。在义马，延长群上部谭庄组含煤最多达20余层，但仅有一层局部可采，称为“四尺煤”，厚0 ~ 1.63 m，极不稳定。

3.1.2.5　三叠系上统至侏罗系下统

主要分布于卢氏双槐树和南召马市坪、留山一带。仅局部含煤层。

3.1.2.6　侏罗系

分布于济源、渑池、商城等一带，在确山七棵树也有零星露头，仅渑池义马、确山七棵树、济源地区含煤。在该地区广泛分布侏罗系下统义马组地层，厚 26.1 ~ 136 m，平均厚 74.63 m。按其岩性组合自下而上分为 4 段，共含煤 5 层，煤层总厚平均 21.63 m，含煤系数达 28.98%。

3.1.2.7　第三系

下第三系煤系有栾川潭头盆地的潭头群、卢氏盆地的项城组、东淄盆地的东营组。上第三系煤系有东猴盆地、开封盆地、周口盆地的馆阔组。煤层厚度相对较薄，大都不可采。

3.1.2.8　第四系

本系地层广泛分布于东部平原及西部山区的河流两岸、山麓边缘及盆地之中，厚度 10 ~ 435 m。含泥炭夹层，一般北部多、南部少，山地多、平原少。主要泥炭层分布于林州、博爱一带，赋存于山前洪积扇之边缘，成条带状分布，储量较大，质量较好。

3.1.3　煤田地质构造

河南省位于秦岭—昆仑巨型纬向构造体系东段与新华夏系第二塌陷带之华北凹陷和第三隆起带太行隆起的复合、联合部位。西北部与祁吕贺山字形前弧东段毗邻，东南与淮阳山字形脊柱相接。省内煤田地质构造基本受小秦岭—嵩山构造体系、新华夏构造体系、嵩淮弧形构造带的控制和改造。

河南煤田的展布形态和保存状况是含煤建造形成后多次构造运动对其改造的结果。对煤田起保护和破坏作用的构造运动，主要始于寒武纪以后的加里东运动—华力西运动—印支运动—燕山运动—喜马拉雅运动。特别是燕山期构造运动对上古生代石炭二叠系煤系地层的影响，形成了一系列隆起和凹陷，在长期剥蚀作用下，隆起区煤系不复存在，凹陷区煤系得到完整的保存，形成各个独立的含煤盆地，即今石炭二叠系煤田。

3.1.4 开采技术条件

3.1.4.1 矿床水文地质

河南省内各煤田水文地质条件差别很大。豫北的焦作、鹤壁、济源、安阳等煤田，由于受太行山系强含水层的奥陶系灰岩和太原群灰岩的补给，水文地质条件复杂或极复杂。豫西的登封、义马等煤田，由于嵩山等山脉接受大气降水的灰岩面积小，又与主要河流相隔较远，富水岩层补给性较差，除个别井田水文地质较复杂外，其余均属简单至中等类型。河南各煤田含水岩组，根据其地下水埋藏条件、贮水空间特征以及水理性质等，分为四组：松散岩类孔隙含水岩组，碎屑岩类孔隙裂隙含水岩组，碳酸盐岩类裂隙岩溶含水岩组，基岩裂隙含水岩组等。

根据各矿区直接充水含水层的富水性及补、径、排条件，结合矿区开发后的实际涌水量等因素，全省各矿区水文地质条件复杂程度分为以下四类：

水文地质条件复杂类。包括豫北的焦作、鹤壁、安阳等矿区，其中以焦作矿区为典型。

水文地质条件中等类。包括新密、荥巩矿区。

水文地质条件中等—简单类。包括平顶山、禹州、偃龙、永夏四个矿区。

水文地质条件简单类。包括登封、新安、宜洛、陕渑、临汝、义马等矿区。

3.1.4.2 煤田瓦斯

河南各煤田约有 45%的煤炭资源在开采中受到煤层瓦斯的严

重威胁。现有生产矿井的瓦斯绝对涌出量两极值为 0.16 ~ 37.87 m^3 / min，相对涌出量为 1.28 ~ 51.90 m^3 / (t · d)。各矿区主要开采对象山西组二 $_1$ 煤层的瓦斯含量，以安阳—焦作—荥巩—平顶山煤田为中心带，向东、西方向递减。

3.1.4.3　煤层顶板工程地质特征

煤层顶板条件直接影响到采掘方式、支护形式、采区设计和布置，煤层顶板稳定性受地质条件和采掘工程的影响。各煤矿所开采煤层一般结构比较简单，顶底板较稳定，煤层倾角多在 5° ~ 25°，赋存比较稳定，便于开采。直接顶板主要由砂质泥岩、泥岩或粉砂岩与泥岩互层构成，顶板中有煤线或薄煤层，老顶主要岩性为砂岩。

以郑煤集团米村煤矿为例，该矿开采的是二 $_1$ 煤，平均厚 6.45 m。伪顶：钻孔见一层 0.06 ~ 2.30 m 厚的炭质岩伪顶，井下揭露顶一般厚 0.2 m。直接顶：一般为深灰色或灰黑色粉砂岩、砂质泥岩，仅有五个钻孔见到中粒砂岩，平均厚度 11.7 m。岩石比重为 2.63 ~ 2.81，容量为 2.33 ~ 2.66 g/cm^3，单轴抗压强度为 40 ~ 45 MPa，黏聚力为 0.06 ~ 0.20 MPa，内摩擦角为 27° ~ 33°30′ ，软化系数为 0.42 ~ 0.48。老顶：为灰白色、富含云母的细至中粒长石石英砂岩，常称为大占砂岩。伪底：有 7 个钻孔揭露，有一层炭质泥岩伪底，其厚度为 0.4 ~ 2.0 m。直接底：为黑色细砂、粉砂岩、砂质泥岩及泥岩，平均厚度 11.4 m。岩石比重为 2.68 ~ 2.74，容量为 2.45 ~ 2.62 g/cm^3，单轴抗压强度为 36 ~ 40 MPa，软化系数为 0.83。老底：为石炭系太原组的第七、八层灰岩。平均总厚度为 9.36 m，是本区主要含水层。由于该含水层水压较大，开采时，在底板为泥岩的地段，易发生底鼓、破裂而造成底板突水。

由于影响顶板稳定性的因素主要有岩体结构特征、直接顶厚度、地质构造因素、水文地质因素、地应力因素和采掘工程因素等，因此各煤矿在生产过程中顶板的稳定程度也不相同。相对而言，大多数乡镇煤矿复采残煤，顶板破碎，不好维护，易发生片帮冒顶事故。国有重点煤矿、部分国有地方煤矿及少数乡镇煤矿采用走向长壁式采煤方法，顶板相对稳定。

3.2 采空区塌陷灾害发育现状

截至目前，全省已形成了平顶山、焦作、义马、鹤壁、郑州和永城六大煤炭开发基地，这六大矿区开采历史长，规模大，集中了河南绝大部分的煤炭资源量和企业，因此全省煤矿采空区塌陷灾害主要分布在上述六大地区。由采矿活动引起的采空区塌陷地质灾害主要表现在：河南煤炭开采除义马有一个露天采场外，其余皆为井下开采，地下采空造成地表塌陷及地裂缝等次生地质灾害，破坏土地、林地，造成水土流失，生态环境失衡，尤其对建筑物、道路、工程水利设施等破坏严重。依据已有的研究资料对以上六大煤矿区不完全的统计，塌陷成灾面积达 0.2 万 hm^2，伴随大量地裂缝危害，塌陷区的耕地农田毁坏约占 1/3，多数塌陷区城镇、村落集中，人口、建筑群落密集，严重影响、制约了区域社会和经济的可持续发展。

永城矿区：煤炭资源的开采，造成了地面的严重沉陷。据有关资料统计，截至 2003 年年底，全矿区采煤塌陷土地 1 420 hm^2，近 90%为可耕地，涉及 5 个乡镇的 26 个行政村的 11 744 人。每年的汛期，塌陷区内一片汪洋，大面积积水、土壤盐碱化，改变了土壤的物理性质，造成农作物大面积减产或绝收，农民的生产、生活和安全失去了保障，这不仅是经济和生态问题，而且是生存和社会问题。

郑州矿区：截至 2002 年年底，郑州矿区原国有重点煤矿因采煤产生的沉陷区范围为 38.01 km^2，共影响住宅建筑面积 171.7 万 m^2，居民 18 922 户，66 172 人，其中已严重威胁到居民安全、需搬迁治理的受损住宅建筑面积 113.01 万 m^2，居民 12 648 户，42 226 人。受损学校 21 所，建筑面积 6.33 万 m^2；受损医院 14 所，建筑面积 1.478 万 m^2。供水管道、供电设施、交通道路、通信线路等受到破坏，给当地人民生活造成重大损害。

焦作矿区：有 15 个国有和地方大中型煤矿以及遍布矿区的乡镇小煤矿，其中王封、李封等 5 对矿井在 20 世纪 90 年代中期以后封井停产。经过近百年的地下开采，地表大面积塌陷。1996 年

焦作矿区塌陷土地面积已达 164.76 hm^2。采煤塌陷区内，地面高低不平，裂缝遍布，造成耕地完全丧失灌溉能力，耕作条件严重破坏，部分耕地甚至无法耕种而荒芜。随着地下开采的继续进行，地表塌陷范围还将不断扩大，对矿区土地资源和生态的破坏将日益加剧，使本来人均耕地已低于全国和河南省平均水平的焦作矿区更难承受，人地矛盾突出。

义马矿区：渑池、义马等煤矿开采区由于多年的开发，采空区面积较大，致使大部分矿区不同程度地出现了地面裂缝、地面沉降等地质灾害，给耕地和部分村民的房屋造成损害，危及了人民生命和财产的安全。其中：据 2005 年不完全统计，渑池县境内波及面积达 34 km^2 之多。义马市城中有矿、矿城相连的布局，制约和影响了城市的发展，环境污染也比较突出，地面塌陷 26.67 hm^2，其最深的达 20 余 m，最大直径 30 余 m 等，2 400 人被迫搬迁。

平顶山矿区：平顶山矿区是我国重要煤炭工业基地，区内煤质优良，煤种齐全，现有 21 对生产矿井，年生产能力 2 341.1 万 t。截至 2004 年，采空区地面塌陷面积约 185.4 km^2，开采沉陷影响土地总面积约 392 km^2；地表沉陷深度一般 2 ~ 6 m，最大沉降深度可达 10 m。采煤沉陷影响村庄 121 个，厂矿、企业、单位、学校、村庄公共设施等 118 个，造成建筑物强烈变形破坏的村庄 70 个，异(就)地拆建、抗变形村庄、单位等 42 个。共计受灾人数 96 951

人，耕地约 350 km²，房屋 195 480 间，厂矿、企业、单位、学校等建筑面积(已变形)60.59 万 m²，目前已补偿损失 25 843.8 万元。煤矿开采形成的地面沉陷等，进一步致使斜坡失稳、坡体破碎，形成崩塌、滑坡灾害。区内因采矿诱发崩塌 2 处，滑坡 1 处，娘娘山滑坡体直接威胁 207 国道安全，造成公路变形长度 500 m；郑县前窑村潜在崩塌，造成 3 人死亡，2 人重伤。

鹤壁矿区：该矿区主要影响鹤壁市及其周围的地区，据 2004 年不完全统计，该市因采煤产生的沉陷区面积在 64.38 km²。335.09 万 m² 的住宅建筑受到影响，涉及居民 29 973 户，104 053 人。其中，严重威胁居民安全、需搬迁治理的受损住宅建筑面积 165.64 万 m²，居民 15 514 户，52 763 人。鹤壁市城区就因采煤塌陷进行过三次城市搬迁建设。

依据已有的调查资料，河南省内主要产煤区地表塌陷特征见表 3-1 ~ 表 3-6。

表 3-1 郑煤集团塌陷特征

矿区名称	采空区面积 (km²)	塌陷面积 (km²)	塌陷面积与采空区面积之比	塌陷区下沉值 (m)
裴沟矿	4.34	7.95	1.83	8.19
半村矿	5.93	9.93	1.67	7.05
芦沟矿	1.79	3.20	1.79	11.40
王庄矿	3.90	6.71	1.72	10.40
大平矿	2.17	3.92	1.81	6.90
超化矿	1.45	2.46	1.70	2.80
告成矿	0.83	1.27	1.53	1.95
王沟矿	1.63	2.23	1.37	5.64
合计	22.04	37.67		

表 3-2　平煤集团塌陷特征

矿区名称	采空区面积 (km^2)	塌陷面积 (km^2)	塌陷面积与采空区面积之比	塌陷区下沉值 (m)
一　矿	13.20	20.20	1.53	14.71
二　矿	3.54	5.95	1.68	10.05
三　矿	2.37	3.18	1.34	3.60
四　矿	8.59	11.66	1.36	12.32
五　矿	8.75	12.69	1.45	8.63
六　矿	9.51	14.89	1.57	6.09
七　矿	6.12	9.18	1.50	6.18
八　矿	12.50	21.46	1.72	5.20
九　矿	1.49	2.56	1.72	2.91
十　矿	9.83	14.48	1.47	8.38
十一矿	3.95	5.66	1.43	7.69
十二矿	4.98	8.30	1.67	3.37
十三矿	2.67	4.65	1.74	3.44
高庄煤矿	2.84	4.77	1.68	8.27
大庄煤矿	8.15	10.67	1.31	5.12
朝川煤田	3.70	4.89	1.32	4.97
合计	102.19	115.19		

表 3-3 焦作煤业集团塌陷特征

矿区名称	采空区面积 (km^2)	塌陷面积 (km^2)	塌陷面积与采空区面积之比	塌陷区下沉值 (m)
韩王矿	3.0	3.2	1.07	1.5
冯营矿	1.5	1.5	1.00	5.0
演马矿	2.6	3.5	1.35	5.0
中马村矿	1.0	1.8	1.80	7.0
九里山矿	2.0	2.6	1.30	1.0
合计	10.1	12.6		

表 3-4 永煤集团塌陷特征

矿区名称	采空区面积 (km^2)	塌陷面积 (km^2)	塌陷面积与采空区面积之比	塌陷区下沉值 (m)
新庄煤矿	5.48	5.82	1.06	2.0
车集煤矿	0.37	1.42	3.84	2.5
陈四楼煤矿	3.74	5.60	1.50	3.4
城郊煤矿	0.18	0.20	1.11	2.0
合计	9.77	13.04		

表 3-5 义煤集团塌陷特征

矿区名称	采空区面积 (km^2)	塌陷面积 (km^2)	塌陷面积与采空区面积之比	塌陷区下沉值 (m)
千秋矿	12.0	16.6	1.38	15.0
跃进矿	6.0	9.0	1.50	6.0
常村矿	7.2	9.4	1.31	4.5
杨村矿	3.7	5.7	1.54	5.0
曹窑矿	1.0	1.3	1.30	2.4
合计	29.9	42.0		

表 3-6　鹤壁煤业集团塌陷特征

矿区名称	采空区面积 (km^2)	塌陷面积 (km^2)	塌陷面积与采空区面积之比	塌陷区下沉值 (m)
第二煤矿	5.14	6.70	1.30	3.1
第三煤矿	4.96	5.33	1.07	5.5
第四煤矿	8.42	11.08	1.32	7.5
第五煤矿	2.81	3.20	1.14	4.0
第九煤矿	2.68	6.70	2.50	6.5
第十煤矿	0.15	0.00	0.00	0.0
第八煤矿	2.99	3.62	1.21	5.0
第六煤矿	4.00	4.67	1.17	4.0
合计	31.15	41.30		

采空区除引起地面塌陷外，还会在地面产生地裂缝。地表裂缝的分布都是和一定的煤矿分布密切相关的，地裂缝空间分布总是受采空区的范围和方向控制。

由于煤矿开采的规模大小各异，因而产生的采空区规模也就各不相同。采矿引起的地裂缝在地表的形态是各种各样的，地裂缝的地表形态特征包括规模、地表的表现形态、微细结构、错距。就采煤来说，大型煤矿采空区一般都是比较规则的，地表变形是逐渐变化的，在塌陷盆地的外边缘区产生的拉张裂缝也是呈规律分布的，一般呈线型分布在采空区塌陷边界上，大致与采空面相互平行。小型煤矿和个体煤矿采空区一般都是不规则的，地表变形多呈不连续状，裂缝不发育或呈不规律分布。

地裂缝的发育，不管在平面上或在剖面上，其形态总是以一定图形显示出来,因此地裂缝的形态总是和一定的图形相联系的。在平面上，单条地裂缝实际并不是一条简单的直线或曲线，而是一条不规则的线。在一般情况下，往往是若干条地裂缝组合在一起，任何一条地裂缝在平面上总有一定的走向，在调查的地裂缝中，很大部分的地裂缝都是直线延伸的，部分地裂缝在地表表现为弧形。

地裂缝的垂直形态也是多种多样的。一般来说，平直光滑的地裂缝面为数较少，而那些凹凸不平的地裂缝面却比比皆是，倾角大都近于 90°，凹凸不平的地裂缝面的倾角则常常变化不定，甚至出现倾向相反的现象。裂缝一般表现为上宽下窄，多显示出“V”形，也有的显槽形和漏斗形。各矿区典型地裂缝特征见表 3-7。

表 3-7　典型地裂缝特征

地点	坐标	走向(°)	长度(m)	宽度(m)
鹤煤集团第二煤矿	N：35° 58′ 46″ E：114° 10′ 20.3″	200	300	0.10 ~ 0.20
鹤煤集团第二煤矿	N：35° 58′ 41.6″ E：114° 09′ 42.9″	275	400	0.30 ~ 0.40
鹤煤集团第三煤矿	N：35° 57′ 17.6″ E：114° 11′ 16.4″	220	500	1.10
鹤煤集团第四煤矿	N：35° 59′ 21.6″ E：114° 10′ 0.1″	168	400	1.60
鹤煤集团第五煤矿	N：35° 55′ 24.3″ E：114° 10′ 29.4″	335	300	0.30
鹤煤集团第九煤矿	N：36° 00′ 58.4″ E：114° 08′ 39.8″	270	1 500	1.30
鹤煤集团第九煤矿	N：36° 01′ 19.1″ E：114° 08′ 46.0″	135	1 500	2.00

续表 3-7

地点	坐标	走向(°)	长度(m)	宽度(m)
鹤煤集团第九煤矿	N：36° 01′ 23.6″ E：114° 08′ 47.1″	150	1 000	2.50
郑煤集团超化矿、大平矿	N：34° 26′ 35″ E：113° 16′ 18.9″	60	3 000	0.10～0.30
郑煤集团裴沟矿	N：34° 29′ 26.9″ E：113° 27′ 57.8″	80	100	0.40
平顶山高庄煤矿	N：33° 53′ 38.9″ E：112° 50′ 39.0″	315	4 500	4.50
安阳大众煤矿	N：36° 12′ 8.1″ E：114° 05′ 55.6″	220	300	0.40
安阳龙山煤矿	N：36° 04′ 42.8″ E：114° 06′ 24.4″	270	600	0.40
义马集团观音堂煤矿	N：34° 43′ 13.1″ E：111° 31′ 23.7″	160	1 000	0.10～0.60

3.3　采空区塌陷灾害分类标准及分区

3.3.1　采空区塌陷灾害严重程度的划分

截至目前，尚未有煤矿采空区塌陷灾害严重程度的分类标准，本次调查工作，对于采空区塌陷灾害的严重程度主要遵循以下的原则确定：

(1)《建筑物、水体、铁路及其主要井巷留设与压煤开采规范》中的砖混结构建筑物损坏等级；

(2)根据煤矿采空区塌陷灾害所在位置、建筑物的特点及其经济发展趋势，将地表分为四类：①城区；②乡镇；③村庄；④农田及荒地。

综合上述两方面的内容，提出本次调查工作中采空区塌陷灾害严重程度的划分方案(见表 3-8)。

表 3-8　采空区塌陷灾害严重程度划分标准

位置	主要划分依据	塌陷严重（Ⅳ级）	塌陷次严重（Ⅲ级）	塌陷轻微（Ⅱ级）	无塌陷（Ⅰ级）
城区	城区房屋多为框架结构和砖混结构，抵抗变形能力较大。根据建筑物破坏程度及地面塌陷情况划分	多数房屋出现严重交叉裂缝并贯穿墙体，宽度大于 30 mm；门窗严重变形，打不开关不上，窗玻璃自动破碎；墙体外鼓歪斜严重；地板砖自动破碎、翘起、错位；钢筋混凝土梁、柱裂缝沿截面贯通，梁端抽出明显大于 60 mm；路面严重塌陷变形，交通中断；原来雨天不积水的区域现在雨天积水严重；由于塌陷影响，整座城市搬迁后的老城区	部分房屋出现裂缝并贯穿墙体，宽度 20～30 mm；门窗变形，难以开关，窗玻璃自动产生裂纹；墙体外鼓歪斜明显；钢筋混凝土梁、柱裂缝沿截面部分贯通，梁端抽出 30～60 mm；路面塌陷变形明显，对交通造成影响；原来雨天不积水的区域现在雨天有积水现象	个别房屋出现裂缝，没贯穿墙体，宽度小于 20 mm；门窗变形不明显；墙体外鼓歪斜不明显；钢筋混凝土梁、柱有少量裂缝，梁端抽出小于 30 mm；路面无明显塌陷变形	调查过程中没有发现任何建筑物破坏及明显地面塌陷现象

续表 3-8

位置	主要划分依据	塌陷严重（Ⅳ级）	塌陷次严重（Ⅲ级）	塌陷轻微（Ⅱ级）	无塌陷（Ⅰ级）
乡镇	乡镇房屋多为砖木结构和砖混结构，抵抗变形能力较小。根据建筑物破坏程度及地面塌陷情况划分	多数房屋出现严重交叉裂缝并贯穿墙体，宽度大于 30 mm；门窗严重变形，打不开关不上，窗玻璃自动破碎；墙体外鼓歪斜严重；地板砖自动破碎、翘起、错位；原来雨天不积水的区域现在雨天积水严重；由于塌陷影响，整座乡镇搬迁后的老区；乡镇周边农田出现较多宽度大于 10 cm、延伸大于 50 m 的地裂缝及直径大于 10 m 的塌陷坑	部分房屋出现交叉裂缝并贯穿墙体，宽度 20 ~ 30 mm；门窗变形，难以开关，窗玻璃自动产生裂纹；墙体外鼓歪斜明显；原来雨天不积水的区域现在雨天有积水现象；乡镇周边农田出现宽度 5 ~ 10 cm、延伸小于 50 m 的地裂缝及直径 5 ~ 10 m 的塌陷坑	个别房屋出现裂缝，没贯穿墙体，宽度小于 20 mm；门窗变形不明显；墙体外鼓歪斜不明显；乡镇周边农田出现少量地裂缝及直径小于 5 m 的塌陷坑	调查过程中没有发现任何建筑物破坏及明显地面塌陷现象

续表 3-8

位置	主要划分依据	塌陷严重（Ⅳ级）	塌陷次严重（Ⅲ级）	塌陷轻微（Ⅱ级）	无塌陷（Ⅰ级）
村庄	村庄房屋多为砖木结构和土筑平房，抵抗变形能力小。根据房屋破坏程度及地面塌陷情况划分	村庄多数房屋出现严重交叉裂缝并贯穿墙体，宽度大于 30 mm；墙角开裂宽度大于 20 mm；门窗严重变形，打不开关不上，窗玻璃自动破碎；墙体外鼓歪斜严重；土筑平房严重毁坏不能居住；梁下支撑处两侧墙壁开裂变形严重；村庄整体搬迁后的老庄；村庄周围农田出现较多裂缝、塌陷坑；原来雨天不积水的区域现在雨天积水严重	村庄部分房屋出现交叉裂缝并贯穿墙体，宽度 20 ~ 30 mm；墙角开裂宽度 10 ~ 20 mm；门窗变形，难以开关，窗玻璃自动产生裂纹；墙体外鼓歪斜明显；土筑平房毁坏较严重，经维修才能居住；梁下支撑处两侧墙壁有开裂变形现象；村庄周围农田有较多裂缝、塌陷坑出现；原来雨天不积水的区域现在雨天积水	个别房屋出现裂缝，没贯穿墙体，宽度小于 20 mm；门窗变形不明显；墙体外鼓歪斜不明显；村庄周边农田出现少量地裂缝及塌陷坑	调查过程中没有发现任何建筑物破坏及明显地面塌陷现象

续表 3-8

位置	主要划分依据	塌陷严重 (Ⅳ级)	塌陷次严重 (Ⅲ级)	塌陷轻微 (Ⅱ级)	无塌陷 (Ⅰ级)
农田及荒地	该区没有房屋的破坏情况，只能根据地表的塌陷特征划分	地裂缝纵横交错宽度大于 10 cm，延伸大于 200 m；塌陷坑成群分布，直径大于 10 m 的超过 50%；整体塌陷量大于 1 m 的地面沦为池塘；隐伏裂缝较多，造成耕地无法浇灌	有明显地裂缝，宽度小于 10 cm，延伸短；塌陷坑较多，直径大于 10 m 的少于 50%；局部地方整体塌陷量大于 1 m，沦为池塘	地裂缝少，宽度小，延伸短；个别地方有塌陷坑，且直径小；整体塌陷量小	没有明显塌陷特征，整体塌陷没有监测资料，肉眼难以发现的地区

根据《全国矿山地质环境调查技术要求实施细则》(初稿)，地面塌陷、地面裂缝规模级别划分标准见表 3-9。

表 3-9 地面塌陷及其有关的地质灾害规模等级划分

灾种与划分指标		地质灾害规模		
		大型	中型	小型
地面塌陷	影响范围(km^2)	>1	1 ~ 0.1	<0.1
地裂缝	规　模	单条裂隙长>500 m，或单条条带宽>5 m	单条裂隙长 500 ~ 100 m，或单条条带宽 5 ~ 2 m	单条裂隙长<100 m，或单条条带宽<2 m

注：只要其中一项指标符合地质灾害规模等级划分表中上一级标准，即归属于上一级别。

3.3.2 采空区塌陷灾害分类和塌陷区分区

3.3.2.1 采空区塌陷灾害分类

煤矿地下开采造成地表塌陷的程度与矿区地质构造、顶底板岩性及厚度、开采方式和开采深度等因素有关，造成的危害又因所处的经济地位和地理条件不同而异。根据河南省煤矿的分布和受塌陷影响程度，采空塌陷灾害区可大体划分为如下三类。

1. 平原地带塌陷区

永城矿区等分布于平原地区。这类地区耕地质量好，人口稠密，地表建筑物比较集中，塌陷危害较大。因地势平坦，地下潜水位较高，不少塌陷区常年积水，淹没良田，居民搬迁。因此，这类地区的煤矿塌陷危害比丘陵、山区地带塌陷区严重。

2. 丘陵地带塌陷区

义马矿区，新密、登封、荥巩矿区，平顶山矿区，焦作矿区，安阳、鹤壁矿区等大多煤矿分布在丘陵地带，塌陷后形成局部漏斗式的塌陷坑和锯齿状地裂缝，地形地貌无明显变化，一般也不易积水。丘陵地带人口较稀少，塌陷区相当部分为山岭荒地，农民对土地及时加以平整，“填平补齐”即可耕种，故虽然塌陷较严重，但对地面建筑物的破坏及赔偿比平原区要小。

3. 山区地带塌陷区

义马矿区，平顶山矿区，安阳、鹤壁矿区等部分煤矿分布在山区地带，塌陷后形成不对称式的塌陷坑和锯齿状地裂缝，地形地貌有明显变化。对坡体的稳定性影响较大，易引起滑坡、泥石流等地质灾害。山区地带人口稀少，塌陷区相当部分为山岭荒地，除个别地区外，虽然塌陷较严重，但对地面建筑物的破坏及赔偿比平原区和丘陵区要小。

3.3.2.2　塌陷区分区特征

采空塌陷引起岩体移动，在地表表现为垂直移动和水平移动；在地表的变形则表现为倾斜、弯曲和水平变形(伸张或压缩)。根据地表变形值的大小和变形特征，塌陷区自移动盆地中心向边缘分为如下 3 个区：

(1)均匀下沉区(中部区)。当开采尚未达到充分采动时，该区没有形成。水平和垂直变形都发展较快，且不均匀。当充分采动时，移动盆地形成平底，该区初具规模，区内地表运动以均匀下沉为主，地面平坦，一般无明显裂缝。如焦西矿塌陷区的南部平底(已停采)，经历数年已基本稳定，现其上已盖楼，运行正常。

(2)移动区(危险变形区)。区内地表下沉不均匀，垂直移动和水平移动强烈，倾斜、弯曲和水平伸张变形较大。因此，该区常出现地表裂缝，裂缝形状与采空区边缘有关，常见的有条形、弧形。焦作九里山矿的塌陷地带，裂缝带宽约 60 m，裂缝 10 余条，沿塌陷区形成半环形，裂缝宽 0.1 ~ 0.5 m，交叉形成丫形分布。梁洼矿区和龙门矿区等都有这种情况。

(3)轻微变形区。地表变形值很小，一般对建筑物不起损害作用。该区与移动区的边界是以建筑物的容许变形值来划分的，其外围边界实际上难以确定，通常是以地表的下沉值 10 mm 为标准圈定的。

3.3.3 采空区塌陷地质灾害的一般特点

3.3.3.1 群发性

开采工程破坏了地质环境的平衡，引起地质环境的反馈，其反馈行为所导致的灾害往往不是孤立的，常在同一矿区的某一时段集中形成灾害群。

3.3.3.2 衍生性

原生环境地质灾害还常常衍生一连串的次生灾害，形成一系列有成因关系的灾害链。例如冲击地压—顶板灾害—地表塌陷—地裂缝—毁坏耕地，破坏地表建筑物和改变地表径流条件，毁坏地表植被，形成土地沙化。

3.3.3.3 区域性

就各种灾害的内部关系而言，采空区塌陷地质灾害还受一定区域性条件控制，如受区域性构造条件、区域性岩性组合特征、区域性地理条件和区域性气候条件的控制和影响。因此，在灾害时空演化和分布上表现出区域性的特点。

3.3.3.4 发灾持续时间长期性

开采塌陷往往具有渐发性、发灾持续时间长的特点。一般情况下，在开采深度为 200 ~ 400 m 条件下，地表移动时间可持续 2 ~ 3 年，而最终稳定时间长达数十年。

3.3.3.5 不可避免性和可预防性

塌陷导致的工程地质灾害是按一定规律、达到一定程度发生的。在目前的技术经济条件下，乃至今后一段时期内，要完全避免是不可能的。但这些灾害又是可以预防的，依靠科技进步进行预测预报和积极治理，对灾害进行控制，减少灾害，减轻灾害损失是可能的。

3.4　采空区塌陷灾害的基本特征

3.4.1　采空区塌陷灾害的基本特征

3.4.1.1　丘陵采空塌陷区

丘陵采空塌陷区以义马、安阳、鹤壁、平顶山、新密、登封、荥巩、焦作等矿区采空塌陷为代表。当开采单一煤层时，采空塌陷区的地貌多呈碟形洼地或槽形洼地，塌陷深度从边缘向中心逐渐加深，最深处为采出煤层厚度的 60% ~ 70%，塌陷盆地的边缘一般在煤层采空区边界外的 0.5*H* 处(*H* 为地面至采面垂直高度)。在边缘部分，下沉深度不大，但因受岩层破碎应力影响，也常见裂隙、裂缝等。采空区再度扩大，最大下沉值不变，只是增加盆地平底部分的面积，其塌陷面积一般为采空区面积的 1.2 倍。当分层开采多层煤炭时，地表重复塌陷尤为严重，常使盆地内起伏不平。塌陷形成后埋藏不深的浅层地下水出露地面，或使地面流水线遭破坏，地表水汇集，形成常年积水或季节性积水；还会使部分地区的水文地质条件发生变化，浅层地下水位下降或丧失，造成井水枯竭，土地干裂。

3.4.1.2　平原采空塌陷区

平原采空塌陷区以永城矿区为代表，其次还有平顶山、新密、登封、荥巩、焦作等一小部分矿区。采空区地面塌陷在地表上表现为凹陷盆地形态，而非漏斗状或台阶状，多为低缓开阔的勺形洼地，其四周略高，中间稍低。在永城中心深度一般为 0.5 ~ 5.0 m，平均为 3 m，塌陷幅度大。边缘与非塌陷区逐渐过渡，其间没有明显的界线。凹陷盆地平面形态多为近长条形，其次为方形、近圆形，长度一般为 300 ~ 2 000 m，宽度一般为 200 ~ 800 m，这主要是由于煤矿开拓巷道多为长方形布局而形成的。部分地段因采区相连，若干个塌陷坑连为一体，形成大的塌陷区。

采空塌陷区面积比采空区面积大，盆地沿矿层走向对称于采空区，沿倾向盆地中心相对于采空区中心向矿层倾斜方向偏移，因土层固结排水，塌陷深度大于煤层厚度。由于永城市地下水水位较浅，多为 2～5 m，在凹陷盆地内均已出现大面积的积水，使塌陷区成为湖泊、湿地。

3.4.1.3 山区采空塌陷区

山区采空塌陷区以义马、安阳、鹤壁、平顶山、新密、登封、荥巩、焦作等一小部分矿区为代表，采空区地面塌陷在地表表现为大裂缝形成的塌陷坑、塌陷槽和采动滑坡。其中：塌陷坑宽度 2～4 m，可见深度达 5～8 m，经雨水冲刷形成面积更大而深度较浅的凹陷；塌陷槽发育在坡体上，其长轴大致与地形等高线平行，长度数十米，宽度 10～30 m，深 0.3～2.0 m。由于开采沉陷附加应力及山体沉陷侧向应力的影响，凸形坡体顶部及其边坡部位表层岩土体受水平拉伸变形可能产生平行于坡体走向等高线方向的张性裂缝。这种张性裂缝不同程度地破坏了坡体与山体的力学联系，同时为地表水的渗入提供了通道，造成采动变形，引发山体滑坡。

3.4.1.4 特殊地质条件采空塌陷区

采空区内具有落差大于 10 m 且直达地表的高角度断层带，或有直径大于 40 m，面积大于 1 200 m^2 的陷落柱和冲刷带，或上覆岩层和松散层内含有厚度大于 1 m 的水砂层或软土层等。

以禹州煤矿为代表，采空区地面塌陷在地表表现为漏斗状或台阶状，断层露头处的地表移动和变形值大大超过正常值，并出现了台阶下沉、台阶裂缝等地表非连续破坏形态。现场观测结果表明：地表所出现的台阶状裂缝的发育方向与断层走向基本一致，台阶状裂缝的延展方向受断层走向的控制。同一般地质采矿条件下地表移动特征相比，该处地表裂缝发育所经历的时间较短，地表移动和变形程度剧烈。

3.4.2 调查矿区塌陷灾害的基本特征

调查矿区塌陷灾害基本特征见表 3-10。

表 3-10 调查矿区塌陷灾害基本特征一览表

地区	矿区		煤矿基本特征	采矿方法	上覆岩层的性质	调查矿区采空区基本特征
豫西区	平顶山、韩梁、临汝矿区	平煤一矿	该矿主要开采煤层为二叠系石盒子组戊 8～戊 10 煤组，厚度 5～8 m，倾角为 5°～9°，地质构造属于中等—简单	综采机械化分层开采法	直接顶板为 0～5 m 泥岩，老顶为中粒砂岩，煤层埋深 200～400 m	受一矿开采影响，地面大部分为坡耕地、草地、林地，开采后地表下沉 4～10 m，但地形、地貌无明显变化，对地面自然和人工植被基本上没大的影响，采空塌陷对土地资源影响较小
		平煤八矿	该矿主要开采二叠系石盒子组戊 8～戊 10 煤组，厚度 5～8 m，倾角为 2°～7°，地质构造属于中等—简单	综采机械化分层开采法	直接顶板为 0～5 m 泥岩，老顶为中粒砂岩，煤层埋深 300～580 m	受八矿开采影响，塌陷前地势平坦低洼，标高 75～100 m，为沙河冲积平原，采空塌陷后地表出现常年和季节性积水，最大积水深度约 2.1 m，大部分耕地因积水而减产、绝产，无积水耕地也大幅度减产，采空塌陷对土地资源损坏较严重
		大庄矿	该矿主要开采煤层为二叠系石盒子组戊煤组，厚度 0～4.05 m，倾角为 10°～15°，地质构造属于中等—简单	走向长壁采煤法，顶板管理方式为全部垮落式	新生界厚度为 0.5～80 m，煤层埋深 140～280 m	受韩梁煤田的大庄矿开采影响，开采前为低山、丘陵，地面标高 100～350 m，采空塌陷后，耕地起伏不平，耕作困难。采空塌陷对附近村庄影响较大

续表 3-10

地区	矿区		煤矿基本特征	采矿方法	上覆岩层的性质	调查矿区采空区基本特征
豫西区	义马、陕渑、新安、宜洛矿区	义马千秋矿	该矿主要开采煤层为山西组二$_1$煤层，煤层厚度 0～18.88 m，平均厚 4.22 m，为一平缓的单斜构造，向斜轴部近东西，北翼倾角平缓，一般为 7°～11°。地质构造属于中等—简单	综采机械化分层开采法，顶板管理方式为全部垮落式	新生界厚度约为 12 m。煤层埋深 140～280 m，直接顶板为深灰色泥岩和砂质泥岩，老顶为大占砂岩。埋深 180～280 m	该矿区南部为河谷阶地，中部为冲积扇区，向北逐渐过渡到冲洪积平原区，高程 580.2～422.0 m。采空塌陷后，塌陷深度在 0.3～0.8 m，造成耕地起伏不平，耕作困难。采空塌陷对附近村庄影响较大
		宜阳宜洛矿	该矿主要可采山西组二$_1$煤层，煤层厚度 2.7～13 m，平均厚 6.5 m，煤层倾角平均 37°，埋深大多在 150～200 m。总体表现为由北西端仰起、东南端倾伏的一系列次级断块组成	走向长壁分层开采法，顶板管理方式为全部垮落式	新生界厚度约为 30 m。直接顶板为 1.43～3.06 m 砂质泥岩，老顶为石英砂岩。埋深 230～360 m	地面塌陷深度一般多在 0.8～3.3 m，最大塌陷深度可达 3.5 m。区内地裂缝长度一般数米到数百米不等，最长可达 1 000 多 m，宽度几厘米到几十厘米，最宽可达 1.5 m，深度不详。据野外调查，大部分地裂缝呈时合时分及串珠状特征。分布在耕地中的地裂缝大多已经过简单填埋处理，但经过雨水之后又会出现新的塌陷和裂缝

续表 3-10

地区	矿区		煤矿基本特征	采矿方法	上覆岩层的性质	调查矿区采空区基本特征
豫西区	新密、登封、荥巩矿区	郑煤米村矿	该矿主要可采山西组二$_1$煤层，平均厚6.45 m；夹二$_2$、二$_3$煤线。地层走向大体为东西走向，倾向偏南，倾角5°～12°，构造简单	走向长壁分层开采法，顶板管理方式为全部垮落式	新生界厚度为20～30 m。直接顶板为深灰色泥岩和砂质泥岩，老顶为大占砂岩。埋深260～440 m	矿区的地形为一古老的冲积、洪积裙，东、西、北三面环山，呈箕形盆地，地面标高304.2～224.2 m。中西部塌陷较严重，南部及北部的铁路沿线基本没有塌陷。采空塌陷后，耕地起伏不平，耕作困难，区内房屋破坏严重，多数房屋墙体裂缝宽度达12～30 cm，延伸1.2～3.0 m、部分村民已搬迁；大的塌陷坑积水形成池塘，部分房屋及树木浸泡在其中；道路塌陷严重。采空塌陷对附近村庄影响较大
		郑煤裴沟矿	该矿主要可采山西组二$_1$煤层，厚度0.8～17.5 m，平均厚6～7 m；夹二$_2$、二$_3$煤线。地层走向大体为北北西走向，倾向偏南，倾角5°～12°，构造中等—简单	走向长壁分层开采法，顶板管理方式为全部垮落式	新生界厚度为20～30 m。直接顶板为深灰色泥岩和砂质泥岩，老顶为大占砂岩。埋深200～350 m	该矿区地貌以低山丘陵区为主，高程为272.0～161.0 m。矿区北西部塌陷较严重，南部及铁路沿线基本没有塌陷。采空塌陷后，耕地起伏不平，耕作困难，区内房屋破坏严重，多数房屋墙体裂缝宽度达10～25 cm，延伸1.5～2.8 m，部分村民已搬迁；大的塌陷坑积水形成池塘，部分房屋及树木浸泡在其中；道路塌陷严重。采空塌陷对附近村庄影响较大

续表 3-10

地区	矿区		煤矿基本特征	采矿方法	上覆岩层的性质	调查矿区采空区基本特征
豫西区	新密、登封、荥巩矿区	大峪沟矿	该矿主要可采山西组二$_1$煤层，含煤6层，其中二$_1$煤层为可见煤层，煤厚0~23.80 m，平均4.62 m，夹二$_2$、二$_3$煤线。总的构造形态为一地层走向呈70°~80°，倾向北北东，倾角平缓(7°~14°)的单斜构造。井田内构造以断裂为主，由近东向西、北东向和北西向三组断裂组成，构造简单	走向长壁炮采放顶煤开采法，顶板管理方式为全部垮落式	新生界一般常见厚度为5~15 m，顶板为砂岩，局部有炭质泥岩伪顶，底板为泥岩、砂质泥岩或粉砂岩。煤层埋深150~250 m	该矿区地貌以低山丘陵为主，高程为488~209 m。矿区中西部塌陷较严重，南部塌陷较轻微。采空塌陷后，耕地起伏不平，耕作困难，区内房屋破坏严重，多数房屋墙体裂缝宽度达12~30 cm，延伸1.2~3.0 m，部分村民已搬迁；魔岭山头开裂宽度15~30 cm，延伸50余m，道路塌陷严重。采空塌陷对附近村庄影响较大
	禹州矿区	新峰矿	该矿主要可采二叠系山西组二$_1$煤层，煤层厚度0.81~9.03 m，地层为单斜形态，地层总体走向北东110°~290°，倾向200°，地层倾角浅部10°~15°，深部25°左右；东南部局部大于40°，发育北东向、北西向两组断层	走向长壁炮采放顶煤开采法，顶板管理方式为全部垮落式	新生界厚度为10~22 m，顶板为大占砂岩，局部有炭质泥岩伪顶，底板为泥岩、砂质泥岩或粉砂岩。煤层埋深200~234 m	矿区的地形属一古老的冲洪积平原，高程为208.5~125.1 m。矿区中西部塌陷较严重，北部塌陷较轻微。采空塌陷后，耕地起伏不平，耕作困难，区内房屋破坏严重，多数房屋墙体裂缝宽度达12~30 cm，延伸1.2~3.0 m，门窗严重变形，难以开关，道路塌陷较严重。采空塌陷对附近村庄影响较大

续表 3-10

地区	矿区		煤矿基本特征	采矿方法	上覆岩层的性质	调查矿区采空区基本特征
豫西区	偃龙矿区	铁生沟矿	该矿主要可采二叠系山西组二$_1$煤层，煤层平均厚度3.95 m，煤层倾角平均15°，地质构造属于中等—简单	走向长壁炮采放顶煤开采法，顶板管理方式为全部垮落式	新生界厚度为10～50 m，顶板为大占砂岩，局部有炭质泥岩伪顶，底板为泥岩、砂质泥岩或粉砂岩。煤层埋深120～200 m	矿区的地形属低山丘陵区，高程为638.5～252.3 m。矿区中南部塌陷较严重，北部与东部塌陷较轻微，越向北和东塌陷越少。采空塌陷后，多数房屋墙体裂缝宽度达10～25 cm，延伸1.2～2.6 m，大部分已废弃无人居住；大的塌陷坑积水形成池塘，部分房屋及树木浸泡在其中；道路塌陷严重，现已用矸石及碎石料填筑加固；耕地部分废弃不能耕种。采空塌陷对附近村庄影响较大
豫北区	焦作、济源矿区	焦作演马矿	该矿主要可采二叠系山西组二$_1$煤层，煤层倾角9°，煤层厚度1.8～2.8 m。地质构造属于中等—简单	走向长壁开采法，顶板管理方式为全部垮落式	第三、四系地层厚32 m，煤层埋深105～160 m。顶板为大占砂岩，局部有炭质泥岩伪顶，底板为泥岩、砂质泥岩或粉砂岩	该矿区地貌总体上北部为冲洪积平原，中、南部为洪积扇，高程为328～105.5 m。矿区北东部塌陷较严重，西部塌陷轻微。采空塌陷后，多数房屋墙体裂缝宽度达6～15 cm，延伸1.2～2.1 m；大的塌陷坑积水形成池塘，部分房屋及树木浸泡在其中；道路塌陷严重，现已用矸石及碎石料填筑加固；耕地部分废弃不能耕种。采空塌陷对附近村庄影响较大

续表 3-10

地区	矿区		煤矿基本特征	采矿方法	上覆岩层的性质	调查矿区采空区基本特征
豫北区	焦作、济源矿区	济源矿	该矿主要可采二叠系山西组二$_1$煤层，煤层倾角10°~20°，煤层厚度0~13.91 m。平均5.0 m。地质构造属于中等—简单	走向长壁开采法，顶板管理方式为全部垮落式	新生界地层厚0~30 m，煤层埋深250~350 m。顶板为砂岩，局部有炭质泥岩伪顶，底板为泥岩、砂质泥岩或粉砂岩	该矿区地貌总体上北部为冲积扇区，南部为冲洪积平原，高程为423.0~219.5 m。矿区中部塌陷较严重，南部及北部塌陷较轻微。采空塌陷后，耕地起伏不平，耕作困难。采空塌陷对白涧及北杜新村一带影响较大
	安阳、鹤壁矿区	鹤壁四矿	该矿主要可采二叠系山西组二$_1$煤层，煤层倾角4°~7°，煤层厚度6.2 m。地质构造属于中等—简单	走向长壁放顶煤开采法，顶板管理方式为全部垮落式	第三、四系地层厚80~200 m，煤层埋深370~560 m。顶板为大占砂岩，局部有炭质泥岩伪顶，底板为泥岩、砂质泥岩或粉砂岩	受鹤壁四矿开采影响，开采前为低山、丘陵，地面标高200 m，采空塌陷后，耕地起伏不平，耕作困难，采空塌陷对附近的大吕寨、王吕寨、杨吕寨和毕吕寨影响较大

续表 3-10

地区	矿区		煤矿基本特征	采矿方法	上覆岩层的性质	调查矿区采空区基本特征
豫北区	安阳、鹤壁矿区	安阳铜冶矿	该矿主要可采二叠系山西组二$_1$煤层,煤层厚度 4.5 m,煤层倾角 12°,地层厚度变化大,褶曲严重,地质构造属于中等—复杂	走向长壁开采法,顶板管理方式为全部垮落式	第三、四系地层厚 20 m,煤层埋深 460 ~ 470 m。顶板为大占砂岩,局部有炭质泥岩伪顶,底板为泥岩、砂质泥岩或粉砂岩	该矿区地貌总体上为冲洪积平原,高程为 233.7 ~ 158.0 m。矿区南西塌陷较北东严重,越向东塌陷越轻微,在西部的水库周边塌陷也较轻微。采空塌陷后,耕地起伏不平,耕作困难。采空塌陷对湾漳河、康王坟、上蔡村李家岗一带影响较大
豫东区	永城矿区	永城新庄矿	该矿主要可采二叠系山西组煤层,可采煤层有二$_2$煤及三$_2$煤,部分可采煤层为三$_5$煤。地层倾角平缓,浅部一般 6° ~ 10°,向深部变缓为 4° ~ 6°,局部因构造变形可达 15°;地层倾角基本为 NNW—NNE 向,其形态总体为一向近北倾斜的单斜构造。二$_2$煤厚度 1.45 ~ 3.40 m,平均 2.73 m,全区可采,该煤层在井田中、浅部发育较好,厚度稳定,至深部稍有变薄趋势	倾斜长壁下行垮落法开采	第三、四系地层平均厚度 135.24 m,煤层埋深 350 ~ 450 m,顶板多为砂质泥岩或中细粒砂岩,有时为泥岩,底板为泥岩或砂质泥岩	地处黄淮平原中部,系冲积平原,地势平坦,海拔仅 30 m 左右,潜水位较高,凡塌陷 1 m 以上的地区均引起了大面积农田积水,使原本平坦的村庄田野转眼变成了水乡泽国,农田在一片沼泽中荒芜,生态遭到了破坏,影响了矿区村民的生活。平均塌陷深度 1.2 m,个别地区下沉达 3 m

3.4.3 调查区内采空区塌陷灾害的分布特征

3.4.3.1 豫西区：平顶山、韩梁、临汝矿区

1. 平煤一矿

该矿区地貌北部属于低山丘陵区，地势起伏较大，上覆第四系黄土，西北角有二叠系的基岩出露，岩性为粉砂岩及泥岩；南部为冲积平原，上面被粉质黏土及第四系黄土覆盖。海拔最高点在北部的王家，高程 423.5 m，海拔最低点在南部的西市场，高程 120.7 m。

本次调查面积 18.89 km^2，其中塌陷严重区面积为 1.36 km^2，塌陷次严重区面积为 11.13 km^2，塌陷轻微区面积为 6.40 km^2。平煤一矿调查区位置坐标见表 3-11。总体特征为：北部及中部塌陷较南部严重，其中在北部的四矿林场、平顶山市电视台及落凫山一带塌陷也较轻微，塌陷严重区穿插在塌陷次严重区中间，越向南部塌陷越轻微。

表 3-11 平煤一矿调查区位置坐标一览表

序号	*x*	*y*	序号	*x*	*y*
1	3843100.52	374080.15	3	3843599.20	373701.17
2	3843599.20	374080.15	4	3843100.52	373701.17

塌陷严重区：分布在稻田沟、王家及侯家一带，呈明显的长条形。该区内房屋破坏严重，多数房屋墙体裂缝宽度达 12 ~ 25 cm，延伸 2 ~ 3 m，门窗严重变形，难以开关，大部分已废弃无人居住；塌陷坑较多，部分积水形成池塘；道路塌陷严重，现已用矸石及其他碎石料填筑加固。

塌陷次严重区：分布范围在北、东及西部都以调查区边界为界限，向南延伸到褚庄、李奇庄、陈家岗一带，呈不斜“山”字

形。局部地方已形成小的塌陷盆地，房屋破坏程度较严重，通过加固后部分房屋还在居住;道路受塌陷影响也不同程度受到破坏，多以矸石填筑，部分用混凝土加固。

塌陷轻微区：分布范围以塌陷次严重区南部界限为界向南扩展到调查区边界，呈梯形分布，在北部的四矿林场、落枭山一带也有分布，呈近椭圆形。该区房屋基本没有破坏，只见少数几处房子有轻微受损情况；道路基本完好。

2. 平煤八矿

该矿区地貌西部属于低山丘陵区，地势起伏较大，上覆第四系黄土，西边有二叠系的基岩出露，岩性为粉砂岩及泥岩；东部及南部为冲积平原，上面被粉质黏土及第四系黄土覆盖。海拔最高点在西部的马家寨，高程 356.0 m，海拔最低点在南部的南周庄，高程 76.5 m。

本次调查面积32.75 km^2,其中塌陷次严重区面积为9.85 km^2，塌陷轻微区面积 16.10 km^2，无塌陷区面积 6.80 km^2。平煤八矿调查区位置坐标见表 3-12。总体特征为：中部塌陷较严重，南部及北部塌陷都较轻微，在最西边的王斌庄塌陷也较严重，以塌陷次严重区边界向外围扩展依次是塌陷次严重区、塌陷轻微区、无塌陷区，向北、向南塌陷变得越来越轻微。

表 3-12　平煤八矿调查区位置坐标一览表

序号	x	y	序号	x	y
1	3844399.46	374067.39	3	3845110.68	373606.70
2	3845110.69	374067.40	4	3844399.45	373606.75

塌陷次严重区：分布范围整体上分为两个部分，主要分布在杏树沟、小侯楼、鲁庄、湛北乡中学、刘家沟及下关庙一带，呈不规则形状，在西边的王斌庄也有分布，呈近半圆形。局部地方已形成小的塌陷盆地，房屋破坏程度较严重，通过加固后部分房

屋还在居住；道路受塌陷影响也不同程度受到破坏，多以矸石填筑，部分用混凝土加固。

塌陷轻微区：分布范围以塌陷次严重区边界为界向南扩展到大郝庄、程庄，向北到上河，向东西均到调查区边界，呈不规则形状。该区房屋基本没有被破坏，只见少数几处房子有轻微受损情况；道路基本完好。

无塌陷区：分布范围以轻微塌陷区南北界限向南、向北均扩展到调查区边界，呈不规则形状分布。该区内房屋、道路及耕地不受采空区影响。

3. *大庄矿*

该矿区地貌总体属于低山丘陵区，北部的李庄、新孟庄、朱家坡及南部的年沟等地有二叠系的基岩出露，岩性为粉砂岩及泥页岩；其余地方基本被第四系黄土覆盖。海拔最高点在北东角朱家坡南，高程 252 m，海拔最低点在南部的南店村西南，高程 161 m。

本次调查面积 36.16 km^2，其中塌陷严重区面积为 3.27 km^2，塌陷次严重区面积为 13.57 km^2，塌陷轻微区面积为 10.26 km^2，无塌陷区面积为 9.06 km^2。大庄矿调查区位置坐标见表 3-13。总体特征为：塌陷区以矿区铁路为界，明显分为南西及北东两部分，铁路两侧留有保护煤柱，塌陷较轻微；以铁路为对称轴向外围扩展依次为塌陷次严重区、轻微区及无塌陷区，在次严重区中局部地方发展为塌陷盆地，形成塌陷严重区。

表 3-13　大庄矿调查区位置坐标一览表

序号	x	y	序号	x	y
1	3839590.31	375202.42	3	3840166.72	374574.83
2	3840166.72	375202.42	4	3839590.31	374574.83

塌陷严重区：在铁路两侧塌陷次严重区中都有分布，北东部

分布在赵岭、微波及阎洼南、梁洼工人村以东、阎桥以西，呈近圆形和鸡心形；南西分布在罐窑、耐火砖场至南部的调查边界，呈四边形。该区内房屋破坏严重，多数房屋墙体裂缝宽度达15～20cm，延伸2～3m，门窗严重变形，难以开关，大部分已废弃无人居住；由于塌陷形成的池塘到处可见，部分房屋及树木浸泡在水中；道路塌陷严重，现已用矸石填筑加固；耕地大都废弃不能耕种。

塌陷次严重区：矿区铁路南西及北东向都有分布，南西分布范围以东到许坊及杨庄、西至南店、南到调查区边界、北至年沟及庙底，呈不规则多边形；北东分布范围东到许庄及阎洼、西至军营沟、南到梁洼镇南铁路以北、北到石龙区，呈不规则多边形。局部地方已形成小的塌陷盆地，房屋破坏程度较严重，通过加固后部分房屋还在居住，没有村庄整体搬迁情况出现；少数耕地由于塌陷在雨天时积水严重，庄稼年年被淹没，现在村民已放弃耕种；道路受塌陷影响也不同程度受到破坏，多以矸石填筑加固。

塌陷轻微区：分布范围以塌陷次严重区边界为界向外围扩展，东到调查区边界、西至泉上梁庄、南到陶瓷厂、北至孙领及贾岭等地，铁路两侧也为轻微塌陷区，整体形态呈斜“山”字形，北西部面积较大，越往外围塌陷越轻微。该区房屋基本没有被破坏，只见少数几处房屋墙体有0.3～0.8cm宽的裂缝，延伸小于0.5m；耕地受塌陷影响小，基本没有毁坏。

无塌陷区：该区主要分布在北部，以塌陷轻微区北部的界限为界向东、西及北扩展到调查界限，呈不规则梯形；在矿区南西角也分布一无塌陷区，以塌陷轻微区边界及调查区界限为界，呈三角形；该区内房屋、道路及耕地不受采空区影响。

3.4.3.2 豫西区：义马、陕渑、新安、宜洛矿区

1. 义马千秋矿

该矿区地貌南部为河谷阶地，中部为冲积扇区，向北逐渐过

渡到冲洪积平原区，上覆粉质黏土；涧河由北向南流经该区，河漫滩上有卵砾石出现，磨圆度较好，砾径一般为 2 ~ 15 cm。海拔最高点在南孟家坑，高程 580.2 m，海拔最低点在涧河南部，高程 422.0 m。

本次调查面积 18.11 km^2，其中塌陷次严重区面积为 3.50 km^2，塌陷轻微区面积为 4.22 km^2，无塌陷区面积为 10.39 km^2。义马千秋矿调查区位置坐标见表 3-14。总体特征为：以铁路为对称轴把矿区分为南西及北东近对称的两部分；铁路两侧一定范围内由于留有保护煤柱，基本上没有塌陷；铁路南北两侧各分布一长条状的塌陷轻微区，南部塌陷次严重区把塌陷轻微区一分为二，呈对称状分布，北部塌陷次严重区被塌陷轻微区环抱，其余塌陷轻微区边界到调查区边界都为无塌陷区。

表 3-14 义马千秋矿调查区位置坐标一览表

序号	x	y	序号	x	y
1	3757441.92	384619.14	3	3758202.75	384380.89
2	3758202.75	384619.14	4	3757441.92	384380.89

塌陷次严重区：该区有三块零星分布于矿区南部和北部。在北部有两块，下石河到千秋村为一块，呈三角形；义马市千秋煤矿以东为一块，呈近圆形；南部从茹家疙瘩到王礼召、苏礼召为一块，呈长条形。塌陷深度在 0.3 ~ 0.8 m，平均塌陷深度 0.4 m 左右，局部塌陷深度大的地方已形成小的塌陷盆地，对房屋破坏较大，通过加固后部分房屋还可居住；少数耕地由于塌陷在雨天时积水严重，严重影响庄稼收成，现在村民已放弃耕种；道路受塌陷影响也不同程度受到破坏，多以矸石及其他碎石料填筑加固。

塌陷轻微区：分布范围也以铁路为分界线，南北各有分布，都呈长条状，以塌陷次严重区界限为界向外围扩展，大部分分布在铁路以北。该区道路、房屋基本没有被破坏，只见少数几处房屋墙体有 0.2 ~ 0.5 cm 宽的裂缝，延伸小于 0.3 m；耕地受塌陷影响小，基本没有毁坏。

无塌陷区：该区主要分布在南部、北部及铁路沿线两侧一定范围内，以塌陷轻微区南部、北部界限为界向南、北扩展到调查界限，呈不规则形状。该区内房屋、道路及耕地不受采空区影响。

2. 宜阳宜洛矿

该矿区地貌总体上为低山丘陵地区，呈西高东低趋势；上覆第四系黄土及粉质黏土，在北西角及南部少数地方出露有二叠系基岩，岩性为粉砂岩。海拔最高点在烟火口北，高程 565.3 m，海拔最低点在东部的沟南，高程 311.8 m。

本次调查面积 35.76 km^2，其中塌陷次严重区面积为 3.25 km^2，塌陷轻微区面积为 6.80 km^2，无塌陷区面积为 25.71 km^2。宜阳宜洛矿调查区位置坐标见表 3-15。总体特征为：矿区中部塌陷较严重，南部及北部基本没有塌陷。由中间向南北依次为塌陷次严重区、塌陷轻微区、无塌陷区，塌陷次严重区呈间断式分布于塌陷轻微区中间。

表 3-15　宜阳宜洛矿调查区位置坐标一览表

序号	x	y	序号	x	y
1	3761059.04	381998.34	3	3762002.66	381619.42
2	3762002.71	381998.39	4	3761058.99	381619.43

塌陷次严重区：该区有三块零星分布于矿区中部，乔崖、灯盏窝周围为一块，杨疙瘩、刘沟、沙坡为一块，东安古村、老煤窑沟、石家、康坪为一块，都呈不规则的长条形。塌陷深度在 0.2 ~ 0.6 m，平均塌陷深度 0.4 m 左右，局部塌陷深度大的地方已形成小的塌陷盆地，对房屋破坏较大，通过加固后部分房屋还可居住，

没有村庄整体搬迁情况出现；少数耕地由于塌陷在雨天时积水严重，庄稼有些年份没有收成，现在村民已放弃耕种；道路受塌陷影响也不同程度受到破坏，多以矸石及其他碎石料填筑加固。

塌陷轻微区：分布范围东至老虎窑，西至黄沟东，南到李家疙瘩、康村，北至刘家凹，呈长条形。该区道路、房屋基本没有被破坏，只见少数几处房屋墙体有 0.2 ~ 0.5 cm 宽的裂缝，延伸小于 0.3 m；耕地受塌陷影响小，基本没有毁坏。

无塌陷区：该区主要分布在南部及北部，以塌陷轻微区南部、北部及西部的界限为界向西、南及北扩展到调查界限，呈斜“n”状。该区内房屋、道路及耕地不受采空区影响。

3.4.3.3 豫西区：新密、登封、荥巩矿区

1. 郑煤米村矿

米村煤矿位于新密煤田西北部，在新密县城西 10 km 的米村镇及牛店镇境内，距郑州市 50 km。米村井田略呈西北窄、东南宽的梯形，其四界为自然边界：西南面以前高村断层与王庄煤矿为界，东南方以张湾断层为界，西北和东北方向以一 $_1$ 煤层露头为界。其范围东西长约 9 km，南北宽 1.7 ~ 3.2 km。

矿区的地形属一古老的冲积、洪积裙，东、西、北三面环山，呈箕形盆地，相对高差 100 m 左右。区内由于洪水水流的切割，暂时性水流和冲沟发育。地面标高 224 ~ 304 m，西北高、东南低，地形坡度较缓。海拔最高点在北西角的后高村，高程 304.2 m，最底点在南东部河流出边界的地方，高程 224.2 m。

本次调查面积 20.17 km^2，其中塌陷严重区面积为 1.21 km^2，塌陷次严重区面积为 8.95 km^2，塌陷轻微区面积为 6.19 km^2，无塌陷区面积为 3.82 km^2。郑煤米村矿调查区位置坐标见表 3-16。总体特征为：矿区中西部塌陷较严重，南部及北部的铁路沿线基本没有塌陷。塌陷严重区零星地分布在三个地方，由南向北依次为无塌陷区、塌陷轻微区、塌陷次严重区、塌陷轻微区、无塌陷区，

塌陷严重区在次严重区的南部及北部都有分布。

表 3-16　郑煤米村矿调查区位置坐标一览表

序号	x	y	序号	x	y
1	3843186.52	382399.40	3	3843687.68	381996.61
2	3843687.68	382399.40	4	3843186.52	381996.61

塌陷严重区：分布在不同的三个地方。在南部的司家庄、潭村小学一带，呈近椭圆形；在最南部的刘沟、南吴村一带，呈半圆形；在北东部的于湾一带，呈椭圆形。该区内房屋破坏严重，多数房屋墙体裂缝宽度达 12 ~ 30 cm，延伸 1.2 ~ 3.0 m，门窗严重变形，难以开关，大部分已废弃无人居住，部分村民已搬迁；大的塌陷坑积水形成池塘，部分房屋及树木浸泡在其中；道路塌陷严重，现已用矸石填筑加固；耕地大都废弃不能耕种。

塌陷次严重区：分布范围东到夏庄河，西到黄龙泉，南至刘沟，北到高村东沟、孟庄一带，呈平倒的“S”形。塌陷深度一般为 0.4 ~ 0.8 m，平均深度 0.5 m 左右，局部塌陷深度大的地方已形成小的塌陷盆地，对房屋破坏较大，通过加固后部分房屋还可居住；少数耕地由于塌陷在雨天时积水严重，庄稼有些年份减产甚至绝收，现在村民已放弃耕种；道路受塌陷影响也不同程度受到破坏，多以矸石及其他碎石料填筑加固。

塌陷轻微区：分布范围以次严重塌陷区南北界限为界向南、向北延伸，南至牛店乡、西大路口、娘娘庙及惠沟一带，北到高村、东沟、孟庄及新花湾一带，都呈弯曲的条状，在矿区东部也分布一塌陷轻微区。该区道路、房屋基本没有被破坏现象，耕地受塌陷影响小，基本没有毁坏。

无塌陷区：该区主要分布在南部及北部，以南部塌陷轻微区南端界限为界向南到调查区边界，以北部的塌陷轻微区向北到调查区界限，两个部分都呈不规则形状；该区内房屋、道路及耕地不受采空区影响。

2. 郑煤裴沟矿

该矿区地貌以毛毛沟、红石台、孙家沟、苏家沟、老龙沟为界，南部属于黄土梁区，沟壑纵横，陡坎众多，上覆第四系的黄土；北部属于冲洪积平原，地势较平缓，部分地方有陡坎出现，上覆第四系黄土及粉质黏土。海拔最高点在中部的裴家庄，高程 272.0 m，海拔最低点在南部的朝阳寺南，高程 161.0 m。

本次调查面积 34.95 km^2，其中塌陷严重区面积为 0.25 km^2，塌陷次严重区面积为 7.96 km^2，塌陷轻微区面积为 11.01 km^2，无塌陷区面积为 15.73 km^2。郑煤裴沟矿调查区位置坐标见表 3-17。总体特征为：矿区北西部塌陷较严重，南部及铁路沿线基本没有塌陷。由南向北依次为无塌陷区、塌陷轻微区、塌陷次严重区，塌陷严重区分布在塌陷次严重区中，总体上呈嵌套形式分布。

表 3-17 郑煤裴沟矿调查区位置坐标一览表

序号	x	y	序号	x	y
1	3844485.08	381927.93	3	3845252.55	381467.58
2	3845253.55	381927.93	4	3844485.08	381467.58

塌陷严重区：分布在砖巧沟以南、王圪台以北及油坊沟一带，大致呈梯形，该区内房屋破坏严重，多数房屋墙体裂缝宽度达 10 ~ 25 cm，延伸 1.5 ~ 2.8 m，门窗严重变形，难以开关，大部分已废弃无人居住，部分村民已搬迁；大的塌陷坑积水形成池塘，部分房屋及树木浸泡在其中；道路塌陷严重，现已用矸石填筑加固；耕地大都废弃不能耕种。

塌陷次严重区：在北西方向主要分布在张庄、北间房、沙石坡、郭楼、郭岗秦寨、老毛沟、杨树窝、宋楼、罗圈寨，北东方向主要分布在裴沟、裴家窝、芦村、小陈沟、沙石沟、岗顶一带，大致呈四边形。平均塌陷深度 0.4 m 左右，局部塌陷深度大的地方已形成小的塌陷盆地，对房屋破坏较大，通过加固后部分房屋还可居住，没有村庄整体搬迁情况出现；少数耕地由于塌陷在雨天时积水严重，庄稼有些年份没有收成，现在村民已放弃耕种；道路受塌陷影响也不同程度受到破坏，多以矸石及其他碎石料填筑加固。

塌陷轻微区：分布范围为无塌陷区向北除塌陷次严重区及严重区以外的地方，大致呈倒“E”字形。该区道路、房屋基本没有被破坏，只见少数几处房屋墙体有 0.2 ~ 0.5 cm 宽的裂缝，延伸小于 0.5 m；耕地受塌陷影响小，基本没有毁坏。

无塌陷区：该区主要分布在南部，以塌陷轻微区南部的界限为界向东、西及南扩展到调查界限，呈不规则多边形；在矿区东部也分布一无塌陷区，主要分布在来集镇政府所在地，近似呈椭圆形。该区内房屋、道路及耕地不受采空区影响。

3. 大峪沟矿

该矿区地貌总体上为低山丘陵，上覆粉质黏土及黄土，地形起伏较大，相对高差约 280 m，海拔最高点高程 488 m，海拔最低点高程 209 m。

本次调查面积 30.40 km^2，其中塌陷严重区面积为 0.86 km^2，塌陷次严重区面积为 4.33 km^2，塌陷轻微区面积为 10.78 km^2，无塌陷区面积为 14.43 km^2。大峪沟矿调查区位置坐标见表 3-18。总体特征为：矿区中西部塌陷较严重，南部塌陷较轻微，越向南塌陷越少，以塌陷严重区为中心向外围扩展依次为塌陷严重区、塌陷次严重区、塌陷轻微区、无塌陷区，塌陷轻微区中的玉皇庙、刘沟、南沟、王河塌陷较严重，凉水泉水库下由于留有保护煤柱，基本没有塌陷。

表 3-18　大峪沟矿调查区位置坐标一览表

序号	x	y	序号	x	y
1	3841415.57	384726.08	3	3841987.06	384194.20
2	3841987.08	384726.14	4	3841415.54	384194.22

塌陷严重区：分布在魔岭及其以北地区，呈梯形。该区内房屋破坏严重，多数房屋墙体裂缝宽度达 12 ~ 30 cm，延伸 1.2 ~ 3.0 m，门窗严重变形，难以开关，大部分已废弃无人居住，部分村民已搬迁；魔岭山头开裂宽度 15 ~ 30 cm，延伸 50 余 m；道路塌陷严重，现已用矸石及碎石料填筑加固；耕地部分废弃不能耕种。

塌陷次严重区：分布在三个不同的地方，塌陷严重区向外围扩展南到尚家沟，向东扩展约 0.5 km，向西和北扩展约 0.2 km，这为一块，北边的柏林、南沟、王河为一块，东部的玉皇庙、刘沟、将军岭沟一带也为一块，都呈不规则形状。塌陷深度一般为 0.3 ~ 0.6 m，平均深度 0.4 m 左右，局部塌陷深度大的地方已形成小的塌陷盆地，对房屋破坏较大，通过加固后部分房屋还可居住；少数耕地由于塌陷在雨天时积水严重，庄稼有些年份减产甚至绝收，现在村民已放弃耕种；道路受塌陷影响也不同程度受到破坏。

塌陷轻微区：分布范围以塌陷次严重区界限为界向外围扩展，东到大坡顶、南岭，南到刘沟学校、阎岭、张沟学校、大峪沟镇，西至寺沟岭、清石山，北到调查区边界，呈不规则形状。该区道路、房屋基本没有被破坏现象，耕地受塌陷影响小，基本没有毁坏。

无塌陷区：该区主要分布在南部及北东和北西的两个角上，以塌陷轻微区北端界限为界向外围扩展到调查区边界，在凉水泉水库周围也分布一无塌陷区，都呈不规则形状。该区内房屋、道路及耕地不受采空区影响。

3.4.3.4 豫西区：禹州矿区新峰矿

新峰矿矿区的地形属一古老的冲洪积平原，相对高差约 70 m，北部与中部陡坎较多，高度一般 2 ~ 4 m，南部较平坦，地势起伏小。地面标高 125 ~ 208 m，西北高，东南低，地形坡度较缓。海拔最高点在北西角的周庄北，高程 208.5 m，最低点在南东部的张塘，高程 125.1 m。

本次调查面积 33.28 km^2，其中塌陷严重区面积为 2.40 km^2，塌陷次严重区面积为 8.88 km^2，塌陷轻微区面积为 14.38 km^2，无塌陷区面积为 7.62 km^2。新峰矿调查区位置坐标见表 3-19。总体特征为：矿区中西部塌陷较严重，北部塌陷较轻微，越向北塌陷越少，以塌陷严重区为中心向外围扩展依次为塌陷严重区、塌陷次严重区、塌陷轻微区、无塌陷区，在塌陷次严重区中，由于在矿井口周围留有保护煤柱，塌陷轻微。

表 3-19 新峰矿调查区位置坐标一览表

序号	x	y	序号	x	y
1	3845394.52	379150.53	3	3845968.63	378570.91
2	3845968.63	379150.53	4	3845394.52	378570.91

塌陷严重区：分布在桐树张、锅拍王肖庄，呈不规则形状。该区内房屋破坏严重，多数房屋墙体裂缝宽度达 12 ~ 30 cm，延伸 1.2 ~ 3.0 m，门窗严重变形，难以开关，大部分已废弃无人居住，部分村民已搬迁；大的塌陷坑积水形成池塘，部分房屋及树木浸泡在其中；道路塌陷严重，现已用矸石及碎石料填筑加固；耕地部分废弃不能耕种。

塌陷次严重区：分布范围以塌陷严重区界限为界向四周扩展，东到杜庄、郭家庄，南及西都至调查区边界，北到前岳庄、关庄及石龙王，呈不规则四边形。塌陷深度一般为 0.3 ~ 0.9 m，平均深度 0.4 m 左右，局部塌陷深度大的地方已形成小的塌陷盆地，对房屋破坏较大，通过加固后部分房屋还可居住；少数耕地由于塌陷在雨天时积水严重，庄稼有些年份减产甚至绝收，现在村民已放弃耕种；道路受塌陷影响也不同程度受到破坏。

塌陷轻微区：分布范围以塌陷次严重区北及东端界限为界向

外延伸，北到王庄、岗李、唐凹，东至调查区边界，呈“7”字形；在矿井口及工业广场周围也分布有塌陷轻微区，呈不规则梯形。该区道路、房屋基本没有被破坏现象，耕地受塌陷影响小，基本没有毁坏。

无塌陷区：该区主要分布在北部，以塌陷轻微区北端界限为界向北到调查区边界，呈曲边梯形。该区内房屋、道路及耕地不受采空区影响。

3.4.3.5 豫西区：偃龙矿区铁生沟矿

铁生沟矿矿区的地形属低山丘陵区，在北部有二叠系的粉砂岩及泥岩出露，地势起伏较大，坞罗河由东向西拐向北流经该地，河流对沿岸切割强烈。海拔最高点在北部的周家凹北，高程 638.5 m，最低点在坞罗河流出边界处，高程 252.3 m。

本次调查面积 33.09 km^2，其中塌陷严重区面积为 0.87 km^2，塌陷次严重区面积为 4.02 km^2，塌陷轻微区面积为 6.66 km^2，无塌陷区面积为 21.54 km^2。铁生沟矿调查区位置坐标见表 3-20。总体特征为：矿区中南部塌陷较严重，北部与东部塌陷较轻微，越向北和东塌陷越少，以塌陷严重区为中心向外围扩展依次为塌陷严重区、塌陷次严重区、塌陷轻微区、无塌陷区。

表 3-20 铁生沟矿调查区位置坐标一览表

序号	x	y	序号	x	y
1	3840826.76	383536.65	3	3841399.81	382959.28
2	3841399.81	383536.65	4	3840826.76	382959.28

塌陷严重区：分布在里河、白嘴沟、南营一带，呈椭圆形。该区内房屋破坏严重，多数房屋墙体裂缝宽度达 10～25 cm，延伸 1.2～2.6 m，门窗严重变形，难以开关，大部分已废弃无人居住，部分村民已搬迁；大的塌陷坑积水形成池塘，部分房屋及树

木浸泡在其中；道路塌陷严重，现已用矸石及碎石料填筑加固；耕地部分废弃不能耕种。

塌陷次严重区:分布范围以塌陷严重区界限为界向四周扩展，东到宋岭、南沟，南至西沟、丁沟，西到西沟、纸房，北至夹津口，呈三角形。塌陷深度一般为 0.3 ~ 0.8 m，平均深度 0.4 m 左右，局部塌陷深度大的地方已形成小的塌陷盆地，对房屋破坏较大，通过加固后部分房屋还可居住；少数耕地由于塌陷在雨天时积水严重，庄稼有些年份减产甚至绝收，现在村民已放弃耕种；道路受塌陷影响也不同程度受到破坏。

塌陷轻微区：分布范围以次严重塌陷区界限为界向外延伸，东到西涉、岭沟，南至南沟，西到调查区边界，北至韩沟、北营、后沟，呈三角形。该区道路、房屋基本没有被破坏现象，耕地受塌陷影响小，基本没有毁坏。

无塌陷区：该区主要分布在北部及南部的小部分地方，以塌陷轻微区界限为界向外围扩展到调查区界限，呈不规则形状。该区内房屋、道路及耕地不受采空区影响。

3.4.3.6　豫北区：焦作、济源矿区

1. *焦作演马矿*

该矿区地貌总体上北部为冲洪积平原，中、南部为洪积扇，上覆粉质黏土及黄土，在西财掌北出露有基岩山区的二叠系粉砂岩；该区内地势较平坦，在北西角有小范围的山区，海拔较高，最大高程为 328 m，海拔最低点在南部的小墙北，高程 105.5 m。

本次调查面积 18.06 km^2，其中塌陷严重区面积为 2.80 km^2，塌陷次严重区面积为 7.02 km^2，塌陷轻微区面积为 8.24 km^2。焦作演马矿调查区位置坐标见表 3-21。总体特征为：矿区北东部塌陷较严重，西部塌陷轻微，由东向西明显可分为三个区，依次为塌陷严重区、塌陷次严重区及塌陷轻微区。

表 3-21 焦作演马矿调查区位置坐标一览表

序号	x	y	序号	x	y
1	3840826.76	383536.65	3	3841399.81	382959.28
2	3841399.81	383536.65	4	3840826.76	382959.28

塌陷严重区：主要分布在中马村、下马村及寺河一带，呈不规则形状。该区内房屋破坏严重，多数房屋墙体裂缝宽度 6～15 cm，延伸 1.2～2.1 m，部分门窗严重变形，难以开关，少数废弃无人居住，部分村民已搬迁；少数塌陷坑积水形成池塘，道路塌陷较严重，少数用碎石料填筑加固。

塌陷次严重区：分布范围以塌陷严重区西边界和南边界为界向西和南扩展到高岭、东阎、百间房、小墙北、东湖食品厂，东到调查区边界，呈不规则形状。在前靳作、后靳作及李贵作塌陷较大。塌陷深度一般为 0.2～0.6 m，平均深度 0.3 m 左右，局部塌陷深度大的地方已形成小的塌陷盆地，对房屋破坏较大，通过加固后部分房屋还可居住；少数耕地由于塌陷在雨天时积水严重，庄稼有些年份减产甚至绝收；道路受塌陷影响也不同程度受到破坏，多以矸石及其他碎石料填筑加固。

塌陷轻微区：分布范围以塌陷次严重区西部边界为界向西扩展到调查区界限，呈曲边梯形。该区道路、房屋基本没有被破坏现象，耕地受塌陷影响小，基本没有毁坏。

2. *济源矿*

该矿区地貌总体上北部为冲积扇区，上覆第四系黄土及粉质黏土，在北西角少数地方出露有二叠系基岩，岩性为粉砂岩；南部为冲洪积平原，上覆第四系黄土及粉质黏土，地势平坦，局部地方分布有陡坎，高度 2～4 m。海拔最高点在姓贾庄，高程 423.0 m，海拔最低点在乔庄，高程 219.5 m。

本次调查面积 33.44 km^2，其中塌陷严重区面积为 0.79 km^2，塌陷次严重区面积为 9.65 km^2，塌陷轻微区面积为 11.03 km^2，无塌陷区面积为 11.97 km^2。济源矿调查区位置坐标见表 3-22。总体特征为：矿区中部塌陷较严重，南部及北部塌陷较轻微。塌陷严重区分布较少，塌陷次严重区在三个不同的地方都有分布，面积较大，塌陷轻微区从东到西都有分布，无塌陷区主要分布在北部。

表 3-22　济源矿调查区位置坐标一览表

序号	x	y	序号	x	y
1	3836338.71	389699.84	3	3837474.79	389405.26
2	3837474.79	389699.84	4	3836338.71	389405.26

塌陷严重区：分布范围在白涧及北杜新村一带，呈近椭圆形。该区内房屋破坏严重，多数房屋墙体裂缝宽度达 12 ~ 30 cm，延伸 1.2 ~ 3.0 m，门窗严重变形，难以开关，大部分已废弃无人居住，部分村民已搬迁；大的塌陷坑积水形成池塘，道路塌陷严重，现已用矸石及碎石料填筑加固；耕地部分废弃不能耕种。

塌陷次严重区：该区有三块，零星分布于矿区，济源市蟒河林场、椿树庄为一块，崔庄新村、新交地为一块，康村、中社、小兴庄、大社为一块，都呈不规则形状。塌陷深度在 0.3 ~ 0.6 m，平均塌陷深度 0.4 m 左右，局部塌陷深度大的地方已形成小的塌陷盆地，对房屋破坏较大，通过加固后部分房屋还可居住，没有村庄整体搬迁情况出现；少数耕地由于塌陷在雨天时积水严重，造成庄稼减产甚至绝收，现在村民已放弃耕种；道路受塌陷影响也不同程度受到破坏，多以矸石及其他碎石料填筑加固。

塌陷轻微区：分布范围东至调查区边界，西至大社学校，南到济源市煤矿、南庄，北至谭庄、苗庄、吴家庄，呈不规则形状。该区道路、房屋基本没有被破坏，只见少数几处房屋墙体有轻微裂缝；耕地受塌陷影响小，基本没有毁坏。

无塌陷区：该区主要分布在北部及南部的部分地方，以塌陷轻微区南部、北部界限为界向南及北扩展到调查界限，呈不规则形状。该区内房屋、道路及耕地不受采空区影响。

3.4.3.7 豫北区：安阳、鹤壁矿区

1. *鹤壁四矿*

该矿区地貌南部和北部都为低山丘陵区，地势起伏较大，上覆第四系淡黄色黄土，中部为冲洪积平原区，上覆粉质黏土。海拔最高点在石碑头，高程 291.5 m，海拔最低点在小南河，高程 165.9 m。

本次调查面积 17.11 km^2，其中塌陷严重区面积为 1.50 km^2，塌陷次严重区面积为 9.35 km^2，塌陷轻微区面积为 6.26 km^2。鹤壁四矿调查区位置坐标见表 3-23。总体特征为：矿区北部塌陷比南部严重，塌陷严重区把塌陷次严重区分为东西两部分，主要分部在西部；向南塌陷变得轻微，在中部的鹤壁集乡政府所在地，塌陷也较轻微。

表 3-23 鹤壁四矿调查区位置坐标一览表

序号	x	y	序号	x	y
1	3851127.32	398499.97	3	3851557.23	398101.98
2	3851557.21	398499.95	4	3851127.34	398101.96

塌陷严重区：分布范围由北向南在张家荒、王家荒、杜家荒、郝家荒、尹家荒及窦家荒一带，呈长条状。该区内房屋破坏严重，多数房屋墙体裂缝宽度达 15～30 cm，延伸 1.2～2.8 m，门窗严重变形，难以开关，大部分已废弃无人居住，部分村民已搬迁，个别村庄已全部搬迁；大的塌陷坑积水形成池塘，部分房屋及树木浸泡在其中；道路塌陷严重，现已用矸石填筑加固；耕地大都废弃不能耕种。

塌陷次严重区：在塌陷严重区东西两侧都有分布，主要分布在西部，东、西及北部都以调查区边界为限，南部到二十六中、曹家、孙家荒一带，呈不规则形状。塌陷深度一般为 0.3 ~ 0.7 m，平均深度 0.4 m 左右，局部塌陷深度大的地方已形成小的塌陷盆地，对房屋破坏较大，通过加固后部分房屋还可居住；少数耕地由于塌陷在雨天时积水严重，庄稼有些年份减产甚至绝收，现在村民已放弃耕种；道路受塌陷影响也不同程度受到破坏，多以矸石及其他碎石料填筑加固。

塌陷轻微区：分布范围以塌陷次严重区南部边界为界向南扩展到调查区界限，呈倒“丁”字形。该区道路、房屋基本没有被破坏现象，耕地受塌陷影响小，基本没有毁坏。

2. 安阳铜冶矿

该矿区地貌总体上为冲洪积平原，上覆粉质黏土及黄土，在李家村及伦掌乡一带地面上有卵砾石，粒径 3 ~ 12 cm，磨圆度较好，在南部部分地方出露有二叠系粉砂岩及泥岩；该区内陡坎众多，高度多在 2 ~ 5 m。海拔最高点在官司北，高程 233.7 m，海拔最低点在伦掌东，高程 158.0 m。

本次调查面积 33.72 km^2，其中塌陷严重区面积为 4.05 km^2，塌陷次严重区面积为 10.19 km^2，塌陷轻微区面积为 19.48 km^2。安阳铜冶矿调查区位置坐标见表 3-24。总体特征为：矿区南西塌陷较北东严重，越向东塌陷越轻微，在西部的水库周边塌陷也较轻微。以塌陷严重区为中心向外扩展依次为塌陷严重区、塌陷次严重区、塌陷轻微区。

表 3-24　安阳铜冶矿调查区位置坐标一览表

序号	x	y	序号	x	y
1	3850562.06	401328.30	3	3851299.78	400870.53
2	3851299.78	401328.33	4	3850562.03	400870.56

塌陷严重区：分布范围由南向北在湾漳河、康王坟、上蔡村、李家岗一带，呈不规则形状。该区内房屋破坏严重，多数房屋墙体裂缝宽度达 10 ~ 25 cm，延伸 1.2 ~ 2.6 m，门窗严重变形，难以开关，大部分已废弃无人居住，部分村民已搬迁，个别村庄已全部搬迁；大的塌陷坑积水形成池塘；道路塌陷严重，现已用矸石填筑加固；耕地部分废弃不能耕种。

塌陷次严重区：在塌陷严重区东西两侧都有分布，以南、北及西均至调查区边界，其中零星分布有塌陷轻微区，以东到小五里河、大五里河，呈不规则形状。塌陷深度一般为 0.2 ~ 0.8 m，平均深度 0.4 m 左右，局部塌陷深度大的地方已形成小的塌陷盆地，对房屋破坏较大，通过加固后部分房屋还可居住；少数耕地由于塌陷在雨天时积水严重，庄稼有些年份减产甚至绝收，现在村民已放弃耕种；道路受塌陷影响也不同程度受到破坏，多以矸石及其他碎石料填筑加固。

塌陷轻微区：分布范围以塌陷次严重区东部边界为界向东扩展到调查区界限，呈曲边梯形，在矿区北西角、南西角及水库周边也分布有塌陷轻微区。该区道路、房屋基本没有被破坏现象，耕地受塌陷影响小，基本没有毁坏。

3.4.3.8 豫东区：永城新庄矿

新庄煤矿位于豫、皖两省交界的河南省永城县东部，行政区划属苗桥、茴村两乡管辖。井田东部及北部以人为边界与安徽省皖北矿务局刘桥二矿分界，西以王庄断层(F_{21})与葛店煤矿扩大区毗邻，南至煤层露头线，南北长约 7.5 km，东西宽约 3 km，面积约 22.5 km^2。地貌属于平原区，地面标高为 29.0 ~ 33.1 m。

本次调查面积 34.79 km^2，其中塌陷严重区面积为 12.59 km^2，塌陷次严重区面积为 7.96 km^2，塌陷轻微区面积为 14.24 km^2。新庄矿调查区位置坐标见表 3-25。总体特征为：塌陷区以工业广场为中心呈南北对称状分布；由于工业广场下方预留有保护煤柱，小范围内塌陷较少，向外围扩展依次为塌陷严重区、次严重区、轻微区。

表 3-25　新庄矿调查区位置坐标一览表

序号	x	y	序号	x	y
1	2046296.67	375985.82	3	2046797.73	375291.72
2	2046797.73	375985.82	4	2046296.67	375291.72

塌陷严重区：南至黄菜园、黄水寨，北到黄花园、黄药店，东至后周庄、周小庄，西到大新庄、小新庄。由于井下是条带式跳采，地面开始塌陷时出现条带状起伏，给耕作带来影响，在该区大多数现已扩展形成塌陷盆地，塌陷深度一般为 1.45 ~ 2.07 m，平均 1.83 m；部分地方已改造为鱼塘，土地已失去耕种价值；多数村庄已搬迁，原来的周洼、黄饭棚等村已不复存在，过去种植的树木明显可见浸泡在塌陷形成的池塘里。王引河南岸的二牛村，塌陷导致河水已流进村里，部分房屋被浸泡倒掉，部分堤段现已用矸石填筑加高。

塌陷次严重区：分布范围以塌陷严重区界限为界向四周扩展，东到丁间，西至白楼，北到明黄集、张庄，南至调查区边界及工业广场周围地区；大致呈不规则环状分布。该区为新近开采引起的塌陷，呈条带状起伏；局部地方已形成小的塌陷盆地，距塌陷严重区较近的村庄房屋破坏较多，通过加固后部分房屋还能居住，没有村庄整体搬迁情况出现。少数耕地由于塌陷在雨天时积水严重，庄稼年年被浸泡，现在村民已放弃耕种，经改造后用来养鱼。该区总体塌陷深度为 0.4 ~ 0.9 m，平均 0.6 m 左右。

塌陷轻微区：分布范围以塌陷次严重区界限为界向四周扩展到调查区边界，整体形态呈“门”字形，北部面积较大，东西两侧各分布一长条形，越往外围塌陷越轻微。该区房屋基本没有被破坏，只见少数几处房子墙体有 0.5 ~ 1.0 cm 宽的裂缝，延伸小于 0.5 m。

3.5 采空区塌陷灾害的严重程度

通过上述调查工作，河南省平煤一矿等 15 个调查区内采空区塌陷灾害的严重程度见表 3-26。

表 3-26 采空区塌陷灾害严重程度一览表

矿区名称	调查面积(km^2)	采空塌陷区严重程度分区及其面积(km^2)				地质灾害等级
		无塌陷(Ⅰ)	塌陷轻微(Ⅱ)	塌陷次严重(Ⅲ)	塌陷严重(Ⅳ)	
平煤一矿	18.89	0.00	6.40	11.13	1.36	大
平煤八矿	32.75	6.80	16.10	9.85	0.00	大
平顶山大庄矿	36.16	9.06	10.26	13.57	3.27	大
义马千秋矿	18.11	10.39	4.22	3.50	0.00	大
宜阳宜洛矿	35.76	25.71	6.80	3.25	0.00	大
郑煤米村矿	20.17	3.82	6.19	8.95	1.21	大
郑煤裴沟矿	34.95	15.73	11.01	7.96	0.25	大
巩义大峪沟矿	30.40	14.43	10.78	4.33	0.86	大
禹州新峰矿	33.28	7.62	14.38	8.88	2.40	大
巩义铁生沟矿	33.09	21.54	6.66	4.02	0.87	大
焦作演马矿	18.06	0.00	8.24	7.02	2.80	大
济源矿	33.44	11.97	11.03	9.65	0.79	大
鹤壁四矿	17.11	0.00	6.26	9.35	1.50	大
安阳铜冶矿	33.72	0.00	19.48	10.19	4.05	大
永城新庄矿	34.79	0.00	14.24	7.96	12.59	大
合计	430.68	127.07	152.05	119.61	31.95	

第 4 章　采空区塌陷灾害的机理与稳定性分析

4.1　采空区塌陷对煤矿地质环境的影响

煤层未开采时，在地壳内受到各个方向力的约束，在地质环境中处于自然应力平衡状态。煤层开采后，由于破坏了开采区域周围岩体原始应力平衡，在各种动、静载荷作用和矿井水及抽排水作用等影响下，应力重新分布，引起从开挖地层开始自下而上的覆岩内部依次发生冒落、断裂、裂隙、弯曲等岩层移动过程，达到新的平衡。在这一过程中，岩层和地表产生连续的移动、变形和非连续的破坏(开裂、冒落等)，称为采空塌陷。在地表主要表现为塌陷坑和地表裂隙。

采空塌陷的影响主要表现在以下几个方面。

4.1.1　破坏耕地

河南省 1954 年有耕地 906.4 万 hm^2，而 1990 年比 1954 年减少了 212.9 万 hm^2，平均每年减少耕地 5.5 万 hm^2。目前人均耕地低于全国平均水平，居第 22 位。煤炭开采是造成耕地减少的一个重要因素。

4.1.2　对矿区水环境的影响

河南省中、西部等部分丘陵矿区采空塌陷主要表现为非连续变形(塌陷坑、地裂缝、台阶和滑坡等)、改变矿区水文地质条件。采煤引起的地表移动，可使煤层围岩中含水层的水、溶洞水以及开采影响范围内的地表水溃入井下，不仅会导致灾害性透水事故，而且形成的地下水漏斗使得浅层地下水位下降或丧失，地表水系受到破坏，河溪断流，水井枯竭，土地干裂，庄稼枯萎，农作物减产，也使耕作地更容易受风、水等侵蚀，引起土地沙漠化以及山地滑坡和泥石流。河南省中、东部等部分平原矿区采空塌陷主要表现为连续变形，地下水位相对较高的低洼矿区，表现为下沉盆地积水，常形成积水塌陷坑或季节性积水塌陷坑，淹没耕地，造成绝产。

4.1.3 对矿区土壤环境的影响

采空塌陷对水环境的影响也直接影响了煤矿的土壤环境。表现在：矿区的地下水位下降使土壤微气象变得干燥，土地干裂。塌陷坑和地裂缝扰乱了原来相对稳定的土壤结构，水肥沿倾斜的地面和开裂的裂缝渗漏流失，形成严重的跑水、跑肥、跑土的“三跑田”，土壤肥力不断下降。在积水矿区，被水淹没的土壤丧失其耕种功能。受积水影响的土壤则盐渍化现象加剧，严重影响农作物产量。

4.1.4 对地表建筑物的破坏

采煤引起的地表移动，其方向多变、速度不匀，引起地表建筑物的破坏。由于移动盆地范围内各点的移动变形性质和大小各不相同，故建筑物受损的性质与程度也有很大差异。在移动盆地中央，在地表主要表现为整体下沉，对建筑物的损害较轻；而采空区四周内外侧上方地表附近，是各种变形的集中区，其对建筑物的损害较重。

4.1.5 对矿区铁路和公路的破坏

在平顶山、义马、鹤壁等矿区，公路和铁路有一部分位于采空塌陷区之上，塌陷使得矿区公路和铁路变得波状起伏，需要经常性地维修与养护。如鹤壁矿区大胡至中山的主干道，由于地表塌陷而多次重修。

4.1.6　对其他设施的破坏

主要包括对桥涵、管线、输电线路、河堤等的破坏。对管线的破坏主要表现为：地表移动变形对管壁产生的拉、压、剪等附加应力超过管线极限时，管壁断裂，改变管路的原坡度，致使流通不畅。对输电线路的损害主要是由于地表移动变形，塔杆歪斜、杆距改变，从而影响线路的弛度和高度。对桥涵的破坏主要表现为：地表移动变形对桥涵基础产生的拉、压、剪等附加应力，使桥涵基础下沉、开裂、错位，导致桥涵梁板断裂、错位，无法正常使用。如鹤壁集九孔桥因地表塌陷桥面下沉 6 m，被迫重建。

4.1.7　采空区塌陷灾害造成的社会问题

采煤塌陷损坏大片农田，良田沃土变成废弃地，使农业绝产或半绝产，从而使人口增加与土地减少的矛盾日益加重，造成这些地区农民生活困难，给当地政府和企业增加了困难。农民到矿上闹事时有发生，不仅影响了煤矿的正常生产，而且给社会增添了不安定因素。随着地下采空率的提高，许多村庄下的煤柱便成为下一步开采的对象，会更多地涉及民房损坏赔偿和村庄的搬迁问题。据统计，一个年产 1 000 万 t 的煤矿，矿区要涉及 300 km^2 左右，平均有村庄 300 个，涉及 10 万人口，而一般矿井储量的 10%～30%都在村庄下面。由此，造成的民房损坏和村庄搬迁，不仅造成巨大的经济问题，而且会引起一系列的社会问题，将是一项艰巨的社会系统工程。

4.2 煤矿采空区覆岩移动破坏规律

4.2.1 采空区上覆岩层“三带”分析

煤层开采后形成的采场空间，必然会引起围岩(包括本煤层)的原始应力变化，当围岩所承受的应力超过它的极限强度时，就会发生位移、开裂、断裂，直至破碎冒落。因此，采场空间的存在，是覆岩产生破坏的根本原因。长期的观测证实，覆岩移动和破坏具有明显的分带性，它的特征与地质、采矿等因素有关。在采用走向长壁全部冒落法开采缓倾斜中厚矿层的条件下，只要采深达到一定的深度，覆岩的破坏和移动由下而上大致可分为三个不同的破坏影响带，即垮落带、断裂带和弯曲带(见图 4-1)。其中垮落带和断裂带合称垮裂带或导水垮裂带(导水裂隙带)，弯曲带又称整体移动带。

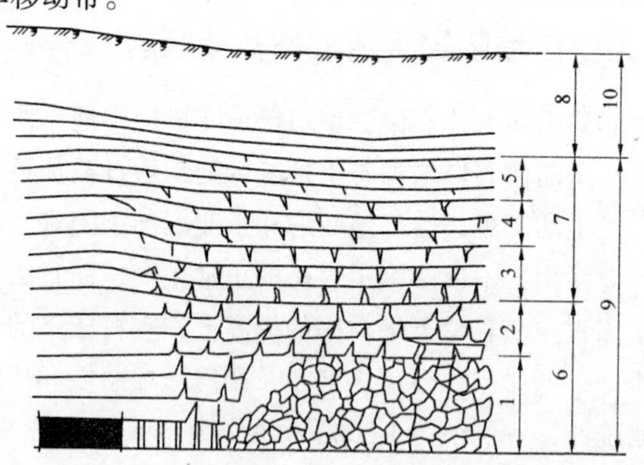

1—不规则垮落带；2—规则垮落带；3—严重断裂；4—一般断裂；5—微小开裂；
6—冒落带；7—裂缝带；8—弯曲带；9—破坏性采动影响区；
10—非破坏性采动影响区

图 4-1 覆岩破坏性采动影响的分布形态图

4.2.1.1　垮落带(冒落带)

煤层采出后形成的采场空间(采空区)，其顶板岩层，在自重和上覆岩体(层)的重力作用下，所受应力大大超过本身强度，便产生断裂，破碎成块而垮落，堆积于采空区。已塌落部分称垮落带，垮落带的下部称不规则垮落带，其上部称规则垮落带。在自由堆积状态下，由于冒落岩块的碎胀性而逐渐充填开采空间，导致冒落带发展到一定高度而自行停止。

4.2.1.2　断裂带(裂缝带)

断裂带位于垮落带之上，垮落带上方的岩层继续下沉弯曲。当所受应力超过本身强度时，就产生裂隙，以至断裂，但尚未垮落，这部分称为断裂带(或裂缝带)。裂缝带随着开采区的扩大而向上发展，当开采区扩大到一定的范围时，裂缝带高度达到最大。一般在采空区形成两个月左右后，裂缝带发育最高。

4.2.1.3　弯曲带

此带位于断裂带之上直至地表的整个覆岩，又叫整体移动带。弯曲带基本呈整体移动状态，特别是带内为软弱岩层及松散土层时。此带在重力作用下产生微小变形，有时出现离层或小裂隙，但仍保持其整体性和层状结构，仅产生连续平缓的弯曲变形，故称为弯曲带。此外，在本带上部的地表，特别是下沉盆地的拉伸区，会产生张性裂缝，其特点是上宽下窄。在基岩直接出露的丘陵地带或山区，此裂缝延展较大。因此，矿区地表没有第四系地层覆盖(或很薄)时，在地表形成的张裂缝就有可能与断裂带沟通，从而成为地表水进入井下的通道。

4.2.2　覆岩移动破坏形式

采动上覆岩层移动破坏的形式，可概括为以下六种。

4.2.2.1　弯曲

弯曲是岩层移动的主要形式。当地下煤层采出后，上覆岩层中的各个分层，从直接顶板开始沿层理面的法线方向，依次向采空区方向弯曲，直到地表。如果岩层在弯曲过程中所产生的拉伸变形超过了该种岩石的抗拉强度极限，则在整个弯曲范围内，岩层可能出现数量不多的微小裂隙，基本上保持其连续性和层状结构。

4.2.2.2 垮(冒)落

煤层采出后，直接顶板岩层弯曲而产生拉伸变形。当其拉伸变形超过岩石的允许抗拉强度时，直接顶板及其上部的部分岩层便与整体分开，破碎成大小不一的岩块，无规律地充填采空区。此时，岩层不再保持其原来的层状结构。这是岩层移动过程中最剧烈的一种移动形式，它通常只发生在采空区直接顶板岩层中。直接顶板岩层垮落并充填采空区后，由于破碎其体积增大，致使其上部的岩层移动逐渐减弱。

4.2.2.3 煤的挤出(片帮)

煤层采出后，采空区顶板岩层内出现悬空，其压力便转移到煤壁(或煤柱)上，增加了煤壁承受的压力，形成增压区，煤壁在附加载荷的作用下，一部分煤被压碎，并挤向采空区，这种现象称为片帮。由于增压区的存在，采空区边界以外的上覆岩层和地表产生移动。

4.2.2.4 岩石沿层面滑移

在倾斜煤层条件下，岩层的自重力方向与岩层的层理面不垂直。因此，岩石在自重力的作用下，除产生沿层面法线方向的弯曲外，还会发生沿层理面方向的移动。如果把岩石的自重力分解为垂直和平行于岩层层面的两个分量，就可明显地看出：随着煤层倾角的增大，垂直于岩层层面的分量将逐渐减小，而平行于岩层层面的分量将逐渐增大。因此，岩层倾角越大，岩石沿层理面的滑移越明显。沿层理面滑移的结果，使采空区上山方向的部分岩层受拉伸，甚至被剪断，而下山方向的部分岩层受压缩。

4.2.2.5　垮落岩石的下滑(或滚动)

煤层采出后，采空区被冒落岩块所充填。当煤层倾角较大，而且开采是自上而下顺序进行的，下山部分煤层继续开采而形成新的采空区时,采空区上部垮落的岩石可能下滑而充填新采空区，从而使采空区上部的空间增大，下部的空间减小，使位于采空区上山部分的岩层移动和地表移动加剧，而下山部分的岩层移动与地表移动减弱。

4.2.2.6　底板岩层隆起

如果煤层底板岩石很软且倾角较大，在煤层采出后，底板在垂直方向减压，水平方向受压，造成底板向采空区方向隆起。松散层的移动形式是垂直弯曲，它不受煤层倾角的影响。在水平煤层条件下，其和基岩的移动形式是一致的。

应该指出，以上六种移动形式不一定同时出现在某一个具体的移动过程中。

4.2.3　岩层移动的典型模式

根据矿层的赋存条件，可将岩层移动的形态划分为三种典型模式。

4.2.3.1　水平或缓倾斜矿层

在近似水平煤层或缓倾斜煤层条件下，煤层上覆岩层以层状弯曲的形式移动，见图 4-2。这种移动一般不会引起岩石自重力的分力导致的沿层面的滑动。这种移动形式发生的条件可表示为

$$\alpha \leqslant \varphi'$$

式中　α——煤层倾角；

φ'——岩层中最软弱层面上的摩擦角。

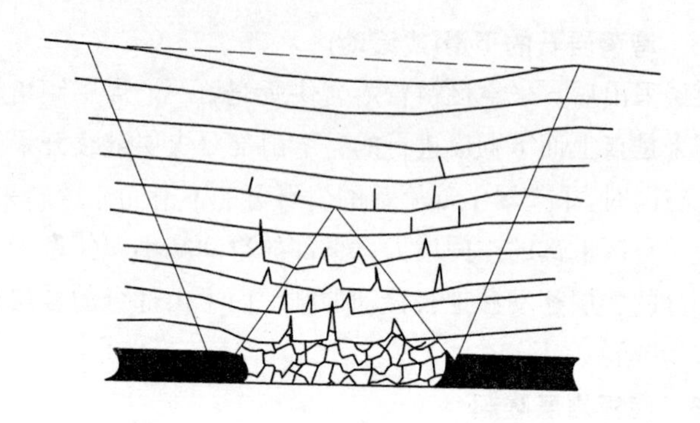

图 4-2　水平矿层开采岩层移动形态

4.2.3.2　倾斜矿层

在倾斜煤层条件下，煤层采出后，其上覆岩层在层状弯曲的同时，产生沿层面方向的移动，如图 4-3 所示。这种沿层面方向的移动，将导致在采空区上山方向地表移动范围扩大。产生沿层面方向移动的条件是

$$\alpha > \varphi'$$

式中　α——煤层倾角；

φ'——岩层中最软弱层面上的摩擦角。

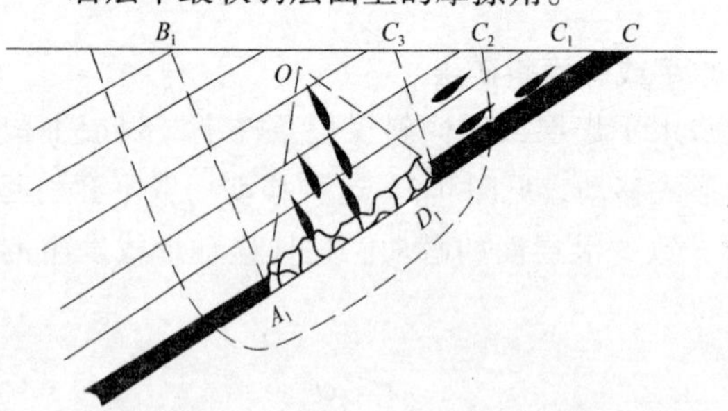

图 4-3　倾斜矿层开采岩层移动形态

4.2.3.3　急倾斜矿层

在急倾斜煤层条件下，在煤层的下盘(即底板方面)岩层内将产生移动，如图 4-4 所示。下盘岩层产生移动的条件近似地用下式表示

$$\alpha > 45° + \frac{\varphi}{2}$$

式中　φ——岩石的内摩擦角。

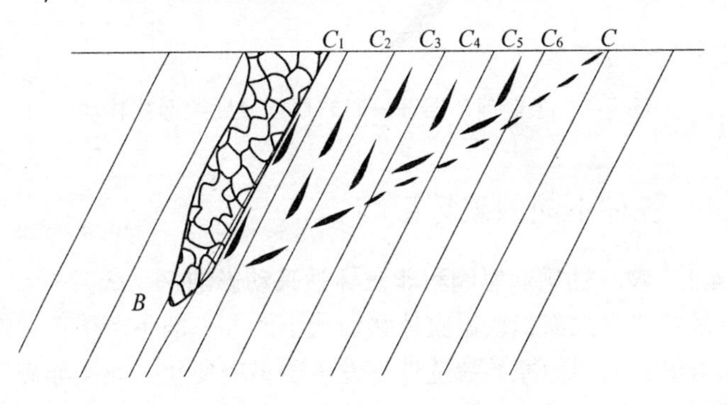

图 4-4　急倾斜条件下岩层的下盘移动

对沉积岩来说，φ角的变化范围为 26° ~ 36°，一般在煤层倾角为 50° ~ 60°时，下盘岩层才产生移动，而下部是沿$\alpha > 45° + \frac{\varphi}{2}$的角度移动的。这种移动范围的大小，不但与煤层倾角有关，而且与矿层底板各岩层的强度有关。图 4-5 表明，开采急倾斜煤层时，位于移动盆地内的上盘岩层是以悬臂梁弯曲形式移动的，当各分层岩层产生弯曲移动时，各分层岩层将沿软弱层面产生错动。由于这种错动，在岩层露头处将出现台阶状的移动。

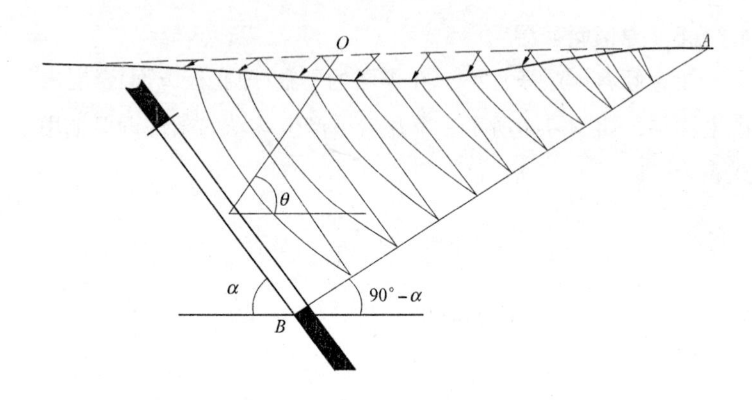

图 4-5 急倾斜矿层开采时岩层以悬臂梁形式移动

4.2.4 各种不同的破坏影响

4.2.4.1 破坏性采动影响和非破坏性采动影响

采后覆岩大面积缓慢整体移动或下沉，一般不产生连通性的导水裂缝，岩层的原始渗透性不发生明显的变化，属于非破坏性采动影响。如果覆岩在发生变形、位移的过程中伴有开裂、破碎、脱落等，使岩层原有的导水、隔水性能改变，就属于破坏性采动影响。

根据破坏程度和形式不同，破坏性采动影响分为垮落性和开裂性两种。垮落性破坏是指覆岩在采动影响下，由于离层、断裂、破碎等，一部分煤岩块从母体上脱落，自由地堆积在采空区内的现象，它对上覆路基或井巷的破坏是十分严重的。开裂性破坏是指覆岩在采动影响下，只发生离层、开裂或错动，而不发生煤岩块脱落和“抽冒”，它虽然增加了岩层的导水性，但基本不破坏岩层的原有产状，对工程的危害性要比垮落性破坏小得多。

4.2.4.2 规律性采动破坏和非规律性采动破坏

以长壁工作面为代表的大面积均匀采煤，造成采高大致相同的采出空间，它的采动影响在垂直剖面上是以采场为中心、以顶底板煤壁为起点向四周扩展，并逐渐减弱或消失的，因而它具有一定的分带性，并且比较有规律，故称为规律性采动破坏。与之相反，以落垛、托煤顶等采煤方法为代表的采场，采高很不均匀，常常由于局部采高超出煤层而向上“抽冒”，采出空间很不规则，覆岩的采动破坏在垂直剖面上不具备分带性，没有规律可循，称为非规律性采动破坏。这类破坏在局部地点可以像“宝塔”一样向上发展直达地表，形成漏斗状塌陷坑，即通常所指的“抽烟囱”或“抽冒”，它对上覆公路、铁路、管线工程具有极大的危害性。

4.3　煤矿采空区塌陷灾害的规律

4.3.1　地表移动破坏类型

地表移动破坏规律是指地下开采引起的地表移动和变形的大小、空间分布形态及其与地质采矿条件的关系。从空间和时间概念出发，一般将地表移动变形分为连续移动变形和非连续移动变形两大类。

地表连续移动变形是指采动损害反映在地表为连续的下沉盆地。在缓斜、倾斜矿床开采的条件下，当采深与采高比大于 40 ~ 80，开采中采用长壁式全部垮落顶板管理法、大面积矿柱式支撑法、全部或部分充填法时，采动引起地表的移动变形一般反映为连续分布下沉盆地。

地表非连续移动变形，是指采动损害反映在地表为地表出现大的裂缝、台阶下沉、塌陷坑及漏斗等形式的破坏。在缓倾斜、倾斜矿床开采的条件下，采用长壁式全部垮落法管理顶板开采，且采深与采高比小于 40 ~ 80 时；房柱式管理顶板开采，采留宽不合理，矿柱的稳定性差时；矿层上覆岩层内的地质构造破坏严重，有大的地质构造破坏带或较大的断层等破坏条件时，采动引起地表的损害一般为非连续移动变形。

4.3.2 地表移动盆地的形成及其特征

4.3.2.1 地表移动盆地的形成

地表移动盆地是在开采工作面的推进过程中形成的。一般地，当开采工作面离开开切眼的距离为平均采深(H_0)的 1/4～1/2 时，这种移动开始波及地表，引起地表下沉。然后，随着开采工作面的继续推进，地表的影响范围不断扩大，下沉值不断增加，在地表形成一个比开采范围大得多的下沉盆地。

4.3.2.2 充分采动程度

根据采动对地表影响的程度，可将地表下沉盆地划分为三种类型：

(1)非充分采动下沉盆地。当地表任意点的下沉值小于该地质、采矿条件下的最大下沉值时，称之为非充分采动下沉盆地。

(2)充分采动下沉盆地。当地表下沉盆地主断面上某一点的下沉值达到了该地质、采矿条件下的最大下沉值时，称之为充分采动下沉盆地。

(3)超充分采动下沉盆地。当地表最大下沉点的下沉值不再随开采范围的增加而增加，并形成一个平底下沉盆地时，即为超充分采动下沉盆地。

4.3.3 地表移动盆地范围的确定

地表移动盆地的范围可用各种角度参数来确定。

4.3.3.1 移动盆地最外边界

移动盆地最外边界是指地表移动和变形都为零所圈定的盆地边界，它是由仪器观测确定的，考虑到仪器误差，一般取下沉为 10 mm 的点为边界。其范围可用边界角来确定。开采达到或接近充分采动时，将移动盆地主断面上的盆地边界点和采空区边界点的连线与采空区外侧水平线的夹角称为边界角。β_0、γ_0、δ_0依次表示下山、上山和走向方向的边界角，急倾斜矿层地板边界角用λ_0表示。移动盆地最外边界实际上是下沉为 10 mm 的点圈定的边界，见图 4-6。

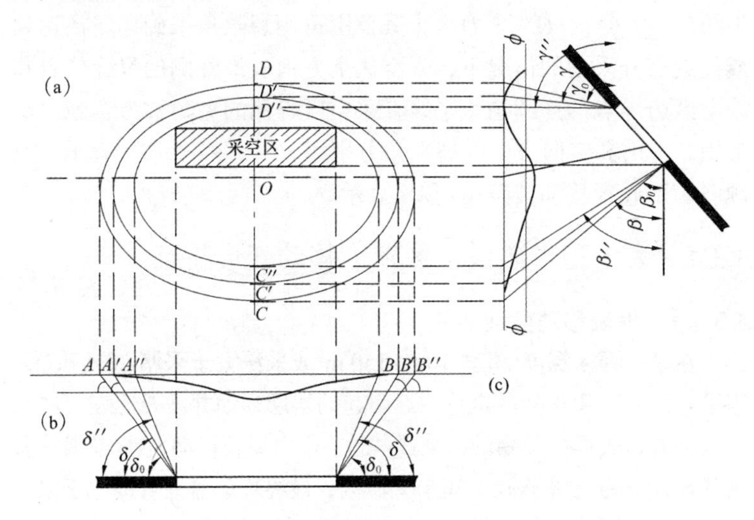

图 4-6　地表移动盆地边界的确定示意图

4.3.3.2　移动盆地的危险移动边界

危险移动边界是以盆地内的地表移动与变形对建筑物有无危害而划分的边界。对建筑物有无危害的标准是以临界变形值来衡量的。其范围可以用移动角来确定。地表的移动和变形会引起地面建筑物的破坏，将刚刚对地表建筑物产生影响的变形值称为临界变形值，地表倾斜、水平变形和曲率的临界变形值分别为

$$i=3\ \text{mm/m};\quad \varepsilon=2\ \text{mm/m};\quad K=0.2\times10^{-3}/\text{m}$$

在达到或接近充分采动时的移动盆地主断面上，临界变形点和采空区边界点的连线与水平线在采空区外侧的夹角称为移动

角。移动角又分为表土移动角和基岩移动角，表土移动角以φ表示；β、γ、δ依次表示下山、上山和走向方向的移动角，急倾斜矿层地板移动角用λ表示。

4.3.3.3 移动盆地的裂隙边界

裂缝边界是根据移动盆地内最外侧的裂隙圈定的边界，如图 4-6 中的A''、B''、C''、D''，其范围可用裂隙角来确定。在达到或接近充分采动的情况下，采空区上方地表最外侧的裂缝位置和采空区边界点的连续与水平线在采空区外侧的夹角称为裂隙角。下山、上山和走向方向的裂隙角分别用β''、γ''和δ''表示，急倾斜矿层底板移动裂隙角用λ''表示。

4.3.4 大中型煤矿采空区地表移动变形特征

4.3.4.1 地表移动盆地

在某一开采深度(超过 100 ~ 150 m 或采深大于采厚 30 倍时)，当采空区的面积达到一定范围后引起的岩层移动并波及地表，在采空区上方地表形成塌陷的区域或洼地，称为地表移动盆地(或最终移动盆地)。对于水平煤层、矩形采空区，最终移动盆地直接位于采空区上方呈椭圆形，并与采空区互相对称。当矩形采空区开采的煤层倾斜时，则移动盆地呈不对称的椭圆形并向采空区下山方向偏移。

移动盆地内的危险区是指对各种建筑物和构筑物可能有破坏作用的盆地边缘区域，一般以 10 mm 的下沉等高线为移动盆地的边界线。

移动盆地形成的初始阶段，地表出现了裂缝及小范围的塌陷坑。随着采空区面积的增加，地面塌陷范围扩大并逐渐地形成塌陷洼地(移动盆地)，洼地中分布着大小不等的塌陷坑；当采空区范围停止扩展时，地表最终形成以张裂缝为边界的塌陷盆地。其地表主要破坏形式(态)及其特征如表 4-1 所示。

表 4-1　采空区地表移动变形特征

<table>
<tr><th colspan="2">形态结论</th><th>特征(判别标志)</th><th>适用范围</th></tr>
<tr><td colspan="2">地表移动盆地</td><td>1.地表塌陷凹陷区，具有破坏地面道路、管道和沟渠的作用；
2.盆地面积较采空区面积要大得多；
3.除有垂直塌陷外，还有水平移动分量；
4.有时常年积水(第四系覆盖层相当厚时)；
5.随着采矿过程的推进，凹陷区边界不断扩展</td><td>各种倾角煤层</td></tr>
<tr><td colspan="2">地表裂缝</td><td>1.出现在移动盆地的外边缘区；
2.一般平行于采空区发展；
3.裂缝形状呈楔形，上大下小，愈深处裂缝宽度愈小；
4.裂缝一般在 5 ~ 10 m 深处尖灭；
5.较大裂缝两侧地表，往往有一定的落差</td><td>水平或缓倾斜煤层</td></tr>
<tr><td colspan="2">台阶状塌陷盆地</td><td>1.盆地范围很大；
2.盆地中央部分平坦，边缘部分形成多级台阶；
3.靠煤层底板一边比顶板一边的台阶落差大，边坡较陡，台阶级数少；
4.除有垂直塌陷外，还有水平移动分量</td><td>倾斜煤层或垂直煤层，采深与采厚的比值较大时</td></tr>
<tr><td rowspan="2">塌陷坑</td><td>漏斗状塌陷坑(塌陷漏斗)</td><td>1.出现于所采煤层露头的正上方或稍有偏移；
2.坑口多呈圆形，如漏斗式或井式陷坑，有时可呈口小肚大的坑式陷坑；
3.沿煤层走向分布；
4.垂直塌陷；
5.多分布于煤层采空区范围内；
6.面积很小；
7.总塌陷面积与采空区面积比值很小</td><td>直立或急倾斜煤层</td></tr>
<tr><td>槽形塌陷坑(塌陷槽)</td><td>1.开采深度不大；
2.出现在厚或特厚煤层露头地表附近；
3.沿煤层走向分布；
4.塌陷坑底部比较平坦，或出现漏斗状塌陷坑；
5.塌陷坑靠煤层底板一边坡度较陡，靠顶板一边坡度较缓</td><td>在特殊地质条件下缓倾斜或水平煤层</td></tr>
</table>

4.3.4.2 台阶状塌陷盆地

在开采急倾斜煤层条件下，当采深与采厚的比值较大时，地表可能出现一种台阶状平底塌陷盆地。这种塌陷盆地范围很大，盆地中央部分平坦，边缘部分形成多级的台阶。靠煤层底板一边比顶板一边的台阶落差大，边坡较陡，台阶级数少。

4.3.4.3 塌陷坑

据国内外资料，在下列情况下开采时，地表可能出现非连续性变形：

(1)用垮(冒)落法开采浅部煤层。苏联、波兰的资料认为：当开采深度与开采厚度比值小于30(H/M<30)时，会引起采空区地表剧烈变形，常形成较大裂隙和不规则的塌陷坑。

(2)采区或工作面上部已有小煤窑开采的采空区，或其他未填实的空洞，当下部煤层开采后，其地表可能产生突然塌陷。

(3)开采急倾斜煤层时，当采空区未被垮落的覆岩碎块等冒落物填满时，采空区上边的煤柱常因失去支承易发生冒落，形成地表塌陷坑或裂缝。

塌陷坑多出现在开采急倾斜煤层时；开采缓倾斜煤层时，只是在某种特殊的地质条件下有可能出现。塌陷坑按其形状分为漏斗状和槽形两种形式。

1. 漏斗状塌陷坑(塌陷漏斗)

开采急倾斜煤层时，所采煤层露头上方的地表可能断续地出现许多大大小小的圆形或椭圆形塌陷漏斗，其漏斗大体位于所采煤层露头的正上方，或稍有偏移。塌陷坑坑口在厚层松散层覆盖时多呈圆形(漏斗式或井式)；在很薄或无松散层的情况下，塌陷漏斗内能见到基岩。

开采缓倾斜煤层时，其地表除出现裂缝外，在浅部或在某种地质采矿条件下，也可能出现漏斗状塌陷坑，常见的有如下两种情况：

(1)在采深很小和采厚很大的情况下，采用房式采煤法或硐室式水力采煤法时，由于采厚不均匀，造成覆岩破坏高度不一致，从而使地表容易产生漏斗状塌陷坑，即使采用长壁式采煤法，若采厚不一致，地表也有可能出现漏斗状塌陷坑。

(2)在有含水砂层的松散层下采煤时，由于地质资料不明，缺乏精确的测量图纸或者不适当地提高开采上限等原因，回采工作造成的冒落性破坏到达含水砂层时会引起水、砂、泥溃入采空区，使地表产生漏斗状塌陷坑。

2. 槽形塌陷坑(塌陷槽)

在开采急倾斜煤层的条件下，当开采深度不大的厚及特厚煤层或煤层间距很小的煤层群时，所采煤层露头上方的地表，可能沿煤层走向出现连续的槽形塌陷。其坑底比较平坦，有时坑底还出现漏斗状塌陷坑。塌陷槽靠煤层底板一边的坡度比较陡，而顶板一边的坡度较缓。

4.3.5　小型煤矿采空区地表移动变形特征

4.3.5.1　小型煤矿的特点

小型煤矿的特点如下：

(1)开采规模小，开采系统不正规，无完整的地质及采煤资料，也无采空区顶板管理方法的资料；

(2)煤层埋藏浅(小)，一般在 100 m 以内，少数煤矿埋深可达 200 m；

(3)采空区形态极不规则。

小煤矿(窑)一般分布在大矿区或煤田的边缘地带，其开采方式有巷道式、洞式和破仓式。其开采系统有房式、壁式和以巷道为主的形式。其采矿、通风等巷道形态变化多样，所留煤柱的位置大小等具有很大的随意性，因此采后的采空区形态也极不规则。

4.3.5.2　小型煤矿采空区覆岩破坏的分带性

由于采深小，回采巷道大多不支护或临时支护，采后任其顶板自由垮落，故而三带发育程度相对较好，即有垮落带、断裂带和弯曲带。

4.3.5.3 小型煤矿采空区地表移动变形的不规则性

由于小型煤矿煤层埋藏浅，开采范围小，以及开采系统不规则和有较大的随意性，其采空区地表移动变形也不规则。其地表仅产生裂缝、塌陷坑，而没有移动盆地出现，有些小煤矿采空区的覆岩垮落带影响范围直接到达地表。

当地层倾向与地形坡向相一致，地层倾角接近地形坡角时，煤层(或其他成层矿床)开采后，尤其有地下水或地表水流入采空区，其地面不仅产生塌陷或裂缝，往往还会出现滑坡。

4.3.6 调查区煤矿的采空塌陷地表移动变形特征

通过对各煤矿区实际情况的调查，采空塌陷地表移动变形特征如表 4-2 所示。

表 4-2 调查区的采空塌陷发育特征一览表

矿区名称	煤层厚度(m)	煤层埋深(m)	塌陷基本特征
平煤一矿	5 ~ 8	200 ~ 400	垮落带的高度为 10 ~ 20 m；断裂带的高度为 40 ~ 60 m；整体弯曲带 150 ~ 350 m，延伸到地表。在调查区北部和中部形成塌陷盆地，越向南部塌陷越轻微
平煤八矿	5 ~ 8	300 ~ 580	垮落带的高度为 10 ~ 20 m；断裂带的高度为 40 ~ 60 m；整体弯曲带 250 ~ 520 m，延伸到地表。在调查区中部形成明显的塌陷盆地，南部及北部塌陷都较轻微
平顶山大庄矿	0 ~ 4.05	140 ~ 280	垮落带的高度为 8 ~ 15 m；断裂带的高度为 35 ~ 45 m；整体弯曲带 100 ~ 230 m，延伸到地表。矿区铁路两侧留有保护煤柱，以矿区铁路为界，明显分为南西及北东两部分塌陷区，总体是以铁路为对称轴向外围分布明显的塌陷盆地

续表 4-2

矿区名称	煤层厚度(m)	煤层埋深(m)	塌陷基本特征
义马千秋矿	4.22	140～280	垮落带的高度为 10～15 m；断裂带的高度为 35～45 m；整体弯曲带 100～230 m，延伸到地表。铁路两侧留有保护煤柱，以铁路为对称轴把矿区分为南西及北东近对称的两部分；铁路南北两侧各分布一长条状的塌陷盆地
宜阳宜洛矿	6.5	230～360	垮落带的高度为 11～15 m；断裂带的高度为 40～50 m；整体弯曲带 160～300 m，延伸到地表。在矿区中部形成明显的塌陷盆地，由于塌陷程度不同，塌陷次严重的区域呈间断式分布于塌陷轻微区中间
郑煤米村矿	6.45	260～440	垮落带的高度为 11～15 m；断裂带的高度为 40～50 m；整体弯曲带 200～380 m，延伸到地表。矿区中西部形成明显的塌陷盆地，南部及北部的铁路沿线基本没有塌陷
郑煤裴沟矿	6～7	200～350	垮落带的高度为 11～15 m；断裂带的高度为 40～50 m；整体弯曲带 200～380 m，延伸到地表。矿区北西部形成明显的塌陷盆地，南部及铁路沿线基本没有塌陷
巩义大峪沟矿	4.62	150～250	垮落带的高度为 10～15 m；断裂带的高度为 35～45 m；整体弯曲带 100～230 m，延伸到地表。矿区中西部形成明显的塌陷盆地，南部塌陷较轻微。凉水泉水库下由于留有保护煤柱，基本没有塌陷
禹州新峰矿	0.81～9.03	200～234	垮落带的高度为 10～20 m；断裂带的高度为 35～55 m；整体弯曲带 150～180 m，延伸到地表。矿区中西部形成明显的塌陷盆地，北部塌陷较轻微。在塌陷次严重区中，由于在矿井口周围留有保护煤柱，塌陷轻微

续表 4-2

矿区名称	煤层厚度(m)	煤层埋深(m)	塌陷基本特征
巩义铁生沟矿	3.95	120 ~ 200	垮落带的高度为 10 ~ 15 m；断裂带的高度为 35 ~ 45 m；整体弯曲带 70 ~ 150 m，延伸到地表。矿区中南部形成明显的塌陷盆地，北部与东部塌陷较轻微
焦作演马矿	1.8 ~ 2.8	105 ~ 160	垮落带的高度为 5 ~ 10 m；断裂带的高度为 25 ~ 40 m；整体弯曲带 70 ~ 130 m，延伸到地表。矿区北东部形成明显的塌陷盆地，西部塌陷轻微
济源矿	5.0	250 ~ 350	垮落带的高度为 10 ~ 15 m；断裂带的高度为 35 ~ 45 m；整体弯曲带 200 ~ 350 m，延伸到地表。矿区中部形成明显的塌陷盆地，南部及北部塌陷较轻微
鹤壁四矿	6.2	370 ~ 560	垮落带的高度为 11 ~ 15 m；断裂带的高度为 40 ~ 50 m；整体弯曲带 320 ~ 500 m，延伸到地表。矿区北部形成明显的塌陷盆地，向南塌陷变得轻微，在中部的鹤壁集乡政府所在地，塌陷也较轻微
安阳铜冶矿	4.5	460 ~ 470	垮落带的高度为 10 ~ 15 m；断裂带的高度为 35 ~ 45 m；整体弯曲带 410 ~ 420 m，延伸到地表。矿区南西形成明显的塌陷盆地，越向东塌陷越轻微，在西部的水库周边塌陷也较轻微
永城新庄矿	1.45 ~ 3.40	350 ~ 450	垮落带的高度为 5 ~ 10 m；断裂带的高度为 25 ~ 40 m；整体弯曲带 320 ~ 420 m，延伸到地表。矿区以工业广场为中心呈南北对称状分布明显的塌陷盆地；由于工业广场下方预留有保护煤柱，形成小范围内塌陷

4.4　影响煤矿采空区地表移动和变形的因素

多年的实践经验表明，开采塌陷的分布规律取决于地质和采矿因素的综合影响。这些地质和采矿因素中，一类是人们无法对其产生影响的，称为自然地质因素；另一类为采矿技术因素。只有正确地认识和掌握这些因素的影响，才能合理有效地解决矿山生产中所遇到的实际问题，才能进一步改进移动预计方法。影响煤矿(或其他成层状矿床)采空区地表移动变形的因素有：

(1)岩石物理力学性质及层位对覆岩移动破坏的影响；

(2)煤层埋藏的几何条件，如煤层倾角、松散层厚度等；

(3)地质构造、水文地质条件；

(4)采煤方法及顶板管理方法的影响；

(5)开采范围大小的影响；

(6)开采速度的影响；

(7)开采深度与开采高度的影响；

(8)重复采动的影响。

各项因素对煤矿采空区地表变形的影响如表 4-3 所示。

4.4.1　岩石物理力学性质及层位对覆岩移动破坏的影响

若覆岩不存在极坚硬岩层，如胶结程度较好的砂岩、砂质页岩以及灰岩等，开采后容易冒落，煤层上部的覆岩随采随冒，不形成悬顶，并产生“三带”型变形，地表则产生缓慢的连续性变形。对于影响地基的大多数采空区来说，其开采深度较小，垮落带和断裂带可以直达地表，地表产生非连续性变形。

表 4-3　影响煤矿采空区地表变形的主要因素

主要因素		分类及特征		地表变形 幅围	地表变形 范围
自然地质因素	煤层埋藏几何条件	煤层厚度	大、小	+，–	+，–
		倾角	大、小	+，–	–，+
		埋藏深度	大、小	–，+	+，–
		松散层厚度	大、小	+，–	+，–
	地质构造	褶皱程度			
		断层密度	大、小	+，–	+，–
		成层程度			
		裂隙密度	大、小	+，–	+，–
	覆岩物理性质	岩石硬度	硬、中、软	–，–，+	–，–，+
	力学性质	胀缩性及水化性	大、小	–，+	+，–
	水文地质	水文变化		+	+
		水解、软化		+	+
		水溶		+	+
采矿技术因素	采空区几何条件	采出煤层	多、少	+，–	+，–
		开采厚度	大、小	+，–	+，–
		采空区及巷道尺寸	大、小	+，–	+，–
	采掘技术	开采方法		+，–	+，–
		顶板管理方法		+，–	+，–
		重复采动		+，–	+，–
时间因素		长		+	+
		短		–	–

注：“+”表示地表变形幅度和范围增大，“–”表示地表变形幅度和范围减小。

当覆岩中存在极坚硬岩层时，有下面三种情况：①覆岩中均为厚层极坚硬岩层，开采后形成悬顶，不发生任何冒落，但发生弯曲变形，地表只发生缓慢的连续性变形。②覆岩中大多数为极坚硬岩层，开采后，煤层顶板大面积暴露，煤柱支承强度不够时，覆岩发生一次性的突然冒落，地表则产生突然塌陷的非连续性变形；在地面可见有纵横交错的张口裂隙，宽度最大为 0.1 ~ 0.5 m，深不见底，这些裂隙均分布于采空区正上方。③覆岩中在某一个部位上存在厚层极坚硬岩层，煤层顶板局部或大面积暴露后发生冒落，但冒落发展到该坚硬岩层时便形成悬顶，不再发展到地表。这时，覆岩产生拱冒型变形，地表产生缓慢的连续性变形。

当覆岩中均为极软弱岩层时，如一些泥岩、页岩、黏土岩或第四纪土层，煤层顶板即使是小面积暴露，也会在局部地方沿直线向上发生冒落，并可直达地表，产生漏斗状塌陷坑。

在急倾斜煤层开采的情况下，如果煤层顶底板岩层很坚硬，回采后，采空区顶底板不冒落，而采空区上方煤层本身却冒落和下滑。这种冒落和下滑，可能会在一定高度上停止，也可能一直发展到地表，在地表煤层露头处出现塌陷坑。如京西大台矿，顶底板岩层均很坚硬，开采后地表出现了不少椭圆形的塌陷坑。如果顶板为坚硬岩层，底板为软弱岩层，则底板岩层易产生滑移，地表变形集中于顶板一侧。如果顶底板的岩层之间存在软弱层或夹层，则岩层与地表变形集中在软弱夹层处。此时地表变形沿软弱层面形成台阶状下沉盆地，而位于软弱夹层露头处的地面呈整体移动。如果煤层顶底板均为软岩层，回采后冒落岩石充填采空区，从而阻止了采空区上方煤层的冒落和向下滑动，这样就可避免地表露头处出现塌陷坑。上覆岩层的岩石力学性质是影响地表最大下沉值的主要因素之一。如前所述，当上覆岩层为坚硬岩石时，岩层弯曲下沉时往往产生离层裂缝。随着采空区的扩大，岩层及地表下沉逐渐稳定后，离层裂缝虽能逐渐减小，但终究不能完全消除。所以，在其他条件相同的情况下，上覆岩层坚硬时，地表最大下沉值小于岩层较软时的地表最大下沉值。

4.4.2 煤层埋藏的几何条件影响

4.4.2.1 煤层倾角的影响

地表移动各种角量参数的变化都与煤层倾角α有关。随着煤层倾角的增大，地表移动盆地在采区下山方向扩展更远，所以采区下山边界的移动角β减小。根据对大量观测资料的分析，通常把β角表示为倾角α的函数，即

$$\beta = 90° - k\alpha$$

式中，k 为系数，它随着矿区岩石强度的增大而增大，即岩石强度愈大，倾角α在上式中的影响愈大。

煤层倾角对上山移动角 γ的影响不明显。随着煤层倾角的增大，最大下沉角θ值减小。由实际观测资料得出

$$\theta = 90° - k'\alpha$$

式中，k' 为系数，它与岩性有关，不同矿区 k' 值有所不同。上式说明，随着煤层倾角α的增大，最大下沉角θ减小。

实际资料说明，当$\alpha > 60°$~$70°$时，移动角β和边界角β_0值不再随煤层倾角α的增大而减小；当$\alpha > 60°$~$70°$时，移动角β和边界角β_0是最小值，它反而有略微增大的趋势。

同样，当$\alpha > 60°$~$70°$时，最大下沉角θ值也不再随煤层倾角α的增大而减小，而是随煤层倾角的增大而增大，但不大于90°。在这种条件下，地表最大下沉点基本上位于采区下边界之正上方。

随着煤层倾角的增大，地表移动水平分量，即水平移动值将增大。在水平或缓倾斜煤层开采时，一般地表最大水平移动为地表最大下沉值的0.3～0.4倍，即水平移动系数b=0.3～0.4。在急倾斜煤层开采时，地表最大水平移动可能大于地表最大下沉值。不同倾角地层地表移动盆地特征如表4-4所示。

表 4-4　不同地层倾角的采空区地表移动盆地特征

煤层类型	水平煤层	倾斜煤层	急倾斜煤层
地表移动盆地特征	1.盆地中心与采空区中心一致时，盆地的平底部分位于采空区中部的正上方 2.地表移动盆地的形状与采空区对称。如果采空区的形状为矩形，则移动盆地的平面形状为椭圆形 3.移动盆地在外边缘区的分界点，大致位于采空区边界的正上方或略有偏离	1.在倾斜方向上，移动盆地的中心偏向采空区下山方向，与采空区中心不重合 2.移动盆地与采空区的相对位置，在走向方向上对称于倾斜中心线，而在倾斜方向上不对称，煤层倾角越大，不对称越明显 3.移动盆地的上山方向较陡，移动范围小；下山方向较缓，移动范围较大	1.形状不对称更加明显，工作面下边界上方地表的开采影响达到开采范围以外很远，移动盆地明显偏向下山方向 2.最大下沉值不在采空区中心正上方，而在采区下边界上 3.地表的最大水平移动值大于最大下沉值

4.4.2.2　地势和表土层对地表变形的影响

在地势平坦的条件下，地表最明显的移动和变形是产生塌陷盆地、裂隙或裂缝、陷落坑等；在山区条件下，地表的移动和变形除具有一般的地表移动形式外，还可能存在另外两种形式：一种是滑坡，一种是滑移。

山区地表移动特征复杂，这主要与地形起伏状况、地质采矿等因素有密切的关系。其主要特点为：

(1)山区地表移动除有明显的垂直下沉量外，还产生明显的水平位移。

(2)在山坡上，产生向下坡方向的滑移，进而引起向下坡方向的水平移动和下沉；在坡间平地或山谷地带，由于滑移方向或滑移量的突变，形成挤压，结果使地表上升。

(3)山区的水平移动比较复杂。一般情况下，在沿走向半盆地上，当地表坡度基本一致，地表倾向与下沉盆地倾向相同时，半盆地的水平移动全为正值，但数值比一般平地条件下的数值大，且盆地中心处不为零(见图 4-7(a))；当地表坡度基本一致，地表倾向与下沉盆地倾向相反时，存在下列两种情况(见图 4-7(b))：一种是地表倾角较大时，半盆地的水平移动全为负值，且愈向盆地中心负值愈大，如 u_a 曲线，另一种是地表倾角较小时，拐点附近水平移动可能出现正值，其他位置上仍为负值，如 u_b 曲线；当地表坡角在数值和方向上都有变化时，水平移动也有相应的变化，若地表倾向与下沉盆地倾向相同，水平移动正向递增，倾向相反，水平移动负向递增，其增减幅度与地表倾角成正比(见图 4-7(c))。观测数据表明：当地表有表土层覆盖，特别是表土层为坡积物时，上述特征明显；当地表为裸露的风化基岩时，地表的倾斜对水平移动的影响将明显减小(见图 4-7(d))。

松散层对地表变形有很大的影响，特别是对地表水平变形移动规律的影响十分明显。当基岩为水平或近水平($\gamma<10°$)时，松散层移动形式和基岩移动形式基本一致，两者都呈垂直弯曲的形式，移动向量都指向采空区中心，因此水平移动呈对称分布；当岩层倾斜时，基岩移动形式发生变化，其移动向量有指向煤层上山方向的特点，因此基岩的水平移动均指向上山方向。由于摩擦力的作用，基岩移动带动松散层产生指向上山方向的水平移动。这种移动在松散层中由下往上逐渐衰减，当松散层很厚时，基岩移动产生的水平移动在松散层内传递时衰减而达不到地表，这时地表就只有由于松散层垂直弯曲而引起的水平移动(见图 4-8)。

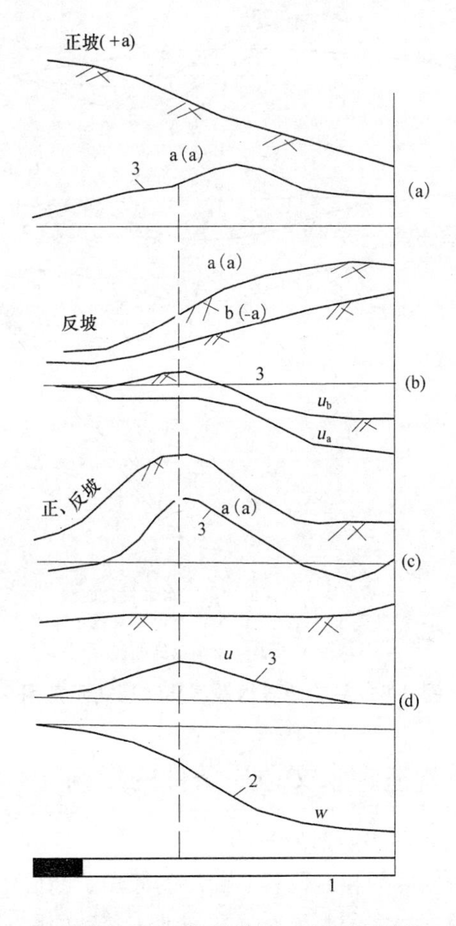

1—采空区；2—下沉曲线；3—水平移动曲线

图 4-7　山区水平移动曲线

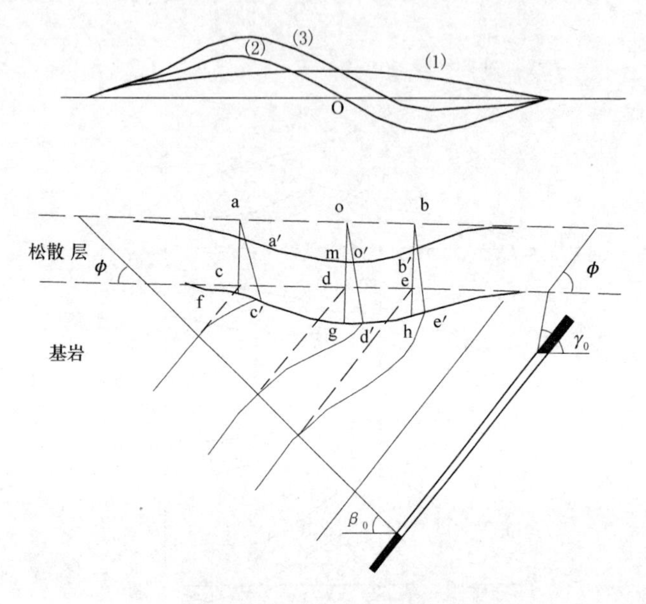

(1)—基岩移动引起的松散层水平移动曲线；
(2)—松散层垂直弯曲引起的松散层水平移动曲线；
(3)—地表最终水平移动曲线

图 4-8 采动地表松散层移动形式示意图

4.4.3 地质构造、水文地质条件的影响

4.4.3.1 断层对地表变形的影响

断层与采空区的相对位置、断层的倾角、断层的大小、断层面的强度等因素决定着断层对岩层与地表移动的影响程度。

岩层在移动过程中遇断层后，将产生沿断层层面的移动，这种移动沿断层层面一直发展到地表断层露头处。在断层露头处地表移动与变形剧烈，常产生裂缝，有时甚至产生台阶状大裂缝。而断层露头处以外的地表移动突然减小，致使地表移动范围减小。在断层露头处如有建筑物，建筑物将遭到严重破坏。而位于断层

露头处以外的建筑物则只受到轻微破坏或不受影响。

4.4.3.2　水文地质条件对地表变形的影响

当上覆岩层由比较坚硬的岩石组成时，岩层内含水多少对其物理力学性质无明显影响。当为软弱岩层及松散岩层时，层内含水多少对其物理力学性质有着明显影响。如泥质页岩遇水后塑性增大，在移动过程中不易产生裂隙或断裂。冲积层内含水较多时，在移动过程中就会产生疏干现象，使地表下沉值增加及移动范围扩大。

我国一些老矿区浅部大多数有小煤窑采空区，并往往有积水，当采矿或掘进触及这些积水采空区后，积水被疏干，引起上覆岩层移动，使地表建筑物或井下巷道遭到破坏。

4.4.4　采煤方法及顶板管理方法的影响

采煤方法及顶板管理方法是决定覆岩破坏及地表移动特征的主要因素。我国常用的有全部垮落法、充填法和煤柱支撑法三种顶板管理方法。

我国煤矿中常用的长壁式大冒顶连续采煤法(其顶板管理方法即全部垮落法)是使覆岩破坏最严重的一种方法，它能使上覆岩层的垮落断裂带高度得到充分发展。当深厚比不太小时，能促使上覆岩层迅速而平稳地移动，地表下沉量达到最大，但地表变形分布均匀，对建筑物下采煤是有利的。但当深厚比太小时，垮落断裂带将达到地表，地表移动变形将失去其连续性，地表出现非连续性破坏，如大裂缝、台阶状断裂，甚至出现塌陷。

煤柱支撑法管理顶板一般在顶板比较坚硬的情况下采用。常见的有房柱法、条带法、刀柱法。根据煤柱的尺寸大小、采留比例及采空区充填与否，上覆岩层的破坏情况及地表移动特征有所不同。如留下煤柱尺寸较大，可以保证支撑住顶板岩层，使其不发生垮落，因而地表就可能不发生明显移动，或者在很长时间(几年或几十年)内呈现极缓慢下沉。如果煤柱尺寸过小，不能支撑住顶板及上覆岩层，顶板照常垮落，覆岩破坏情况与全部垮落法几乎相同，地表出现的移动和变形不均匀。

厚煤层通常采用分层开采。实测资料表明，分层开采有它的特点。垮落断裂带高度与开采厚度的比值，随开采分层数的增加而依次递减。例如，采用大冒顶方法开采水平及缓倾斜煤层时，如果上覆岩层为中等硬度，则垮落断裂带高度与开采总厚度的比值是：单层或第一分层为 12 ~ 16，第二分层为 9 ~ 11，第三分层为 7 ~ 8，第四分层为 5 ~ 6。

4.4.5 开采范围大小对地表变形的影响

采空区尺寸大小主要决定岩层与地表移动过程发展的充分程度、地表移动盆地的形状、地表移动变形分布特征。

根据岩性不同，采空区达到一定面积后，移动波及地表。此后，随工作面向前推进，地表下沉值继续增大，这时地表的采动影响称非充分采动。当采空区面积达到一定范围时，地表下沉值达到该地质采矿条件下的最大值，此时，地表的采动影响称充分采动。以后虽然采空区继续扩大，但地表下沉值并不再增大，在地表移动盆地中央形成一个平底区域，一般称之为盘形盆地。由此可知，只有在非充分采动条件下，地表下沉值才随着采空区面积的增大而增大。

为了衡量地表的充分采动程度，一般用充分采动系数 n_1 和 n_2 来表示

$$n_1 = k_1 \frac{D_1}{H_0}\ ,\quad n_2 = k_2 \frac{D_2}{H_0}$$

式中 k_1、k_2——系数，与地质采矿因素有关；

D_1、D_2——采区沿走向及沿倾斜方向的长度；

H_0——平均开采深度。

当 $n_1=n_2=1$ 时，地表即达到充分采动；如 $n_1>1$，$n_2>1$，则地表达到超充分采动；如 $n_1<1$，$n_2<1$，地表为非充分采动。

不同采动程度情况下，地表移动特征如表 4-5 所示。

表 4-5　采动程度对地表移动盆地的影响

采动程度	非充分采动		充分采动	超充分采动
	双向未达到临界尺寸	单向未达到临界尺寸		
开采情况	采空区尺寸在长度方向和宽度方向均未达到相应地质采矿条件下的临界开采尺寸	采空区尺寸仅在长度方向达到或超过临界开采尺寸	采空区尺寸在长度和宽度方向都达到临界开采尺寸	采空区尺寸在长度和宽度方向都超过临界开采尺寸
地表移动盆地特征	地表移动盆地呈碗形，移动盆地内所有点均未达到最大下沉值，地表移动盆地中间区尚未形成	地表移动盆地呈槽形，其长轴方向与采空区长边方向平行，盆地内所有点均未达到最大下沉值，地表移动盆地中间区未形成	地表移动盆地呈碗形，仅盆地正中央达到最大下沉值，盆地中间区未形成	为标准的地表移动盆地，呈盘形，形成了中间区、两边缘区及外边缘区

4.4.6　开采速度的影响

许多学者认为，开采速度能够直接影响开采过程中地表移动和变形的大小，加快开采速度能够有效地减小地表移动变形破坏程度，实现建筑物整体下沉，达到保护建筑物的目的。然而，开采实践证明，加大开采速度虽能减小地表的位移变形量，但同时也增大了建筑物的变形破坏速度，特别是在开采速度不稳定、变化大，开采工作面较长时间停采 (如周末及假日休息停采) 的情况下，对保护建筑物更为不利。有些学者认为，加快开采速度能够有效地减小采动过程中覆岩及地表的移动变形量，但从其引起保护建筑物的应力变化分析，必须以稳定持续的开采速度开采，避开开采速度的变化，特别是工作面的停顿。同时，应详细分析覆岩性质，避开开采速度危险区。

4.4.7 开采厚度与开采深度对地表变形的影响

开采厚度对上覆岩层及地表移动过程的性质起着重要影响作用。采厚(指一次开采厚度)愈大，则垮落带高度愈大，移动过程表现愈剧烈，地表移动变形值也愈大。随着开采深度的增加，地表移动范围增大，而最大下沉值随开采厚度的增加变化不大。因此，随着开采深度的增加，地表移动盆地变得平缓，各项变形值减少。所以，在其他条件相同的情况下，地表移动及变形值是与采深成反比的。

地表移动与变形既与采厚成正比，又与采深成反比。所以，人们常用采深采厚之比 H/M(简称深厚比)作为衡量开采条件对地表移动影响的粗略估计指标。显然深厚比愈大，地表移动与变形值愈小，移动就较缓慢。反之，地表移动和变形则剧烈。在深厚比很小的情况下，地表将出现大裂缝、台阶状断裂，甚至出现塌陷坑。

开采深度对地表移动速度和移动时间有很大的影响。一般来说，当 H<50 m 时，地表移动时间仅 2～3 个月，而当 H=500～600 m 时，地表移动时间可达 2～3 年之久。地表最大下沉速度与开采深度成反比。当开采深度很小时，地表移动速度大，而移动持续时间短。当开采深度较大时，地表移动速度小，移动比较缓慢、均匀，而移动持续时间则较长。

4.4.8　重复采动对地表变形的影响

上部煤层开采后，开采下部(或下分层)煤层或同一煤层开采下一工作面时，岩层及地表移动过程比初次采动剧烈，地表下沉值增大，地表移动速度加大，移动总时间缩短，地表移动范围扩大(即边界角、移动角变小)。重复采动时岩层与地表移动过程的这种变化称为岩层与地表移动过程的加剧(亦称为活化)。

重复采动时，地表下沉速度显著增大，相应地地表移动范围也增大。

4.5　塌陷灾害的预测方法

地表移动变形预计法一般适用于壁式陷落法开采或经过正规设计的条带或房柱式开采的地表稳定性评价。

国内外用于采动地表移动变形预计的方法有多种，如典型曲线法、剖面函数法、诺谟图解法、概率积分法以及有限元法和力学方法等。我国用得较多的有负指数函数法和概率积分法，其中概率积分法以其理论依据清晰、适应性强得到普遍推广，有逐渐取代其他方法的趋势。

概率积分法于 20 世纪 50 年代由波兰学者克诺特(Knothe S)的几何理论法提出，随后由波兰学者布德雷克(Budryk)加以完善。与此同时，波兰学者李特威尼申(Litwiniszyn J)从随机介质理论出发研究开采塌陷问题，也得到了类似的地表移动变形预计数学模型。这种方法于 20 世纪 60 年代引进到国内，经学者的不断充实和改进，目前已可用于水平—缓倾斜、倾斜和急倾斜煤层及其他非层状矿物开采的地表移动预计。

概率积分法是以正态分布函数为影响函数，用积分法表示的地表移动变形预计方法，全移动盆地的移动与变形预计数学公式如下：

盆地内任意点(x, y)的下沉值$w(x, y)$为

$$w(x, y) = w_{\max} \iint_D \frac{1}{r^2} \exp\left\{-\pi\left[(\eta - x)^2 + (\xi - y)^2\right]/r^2\right\} \mathrm{d}\eta \mathrm{d}\xi \quad \text{(mm)}$$

盆地内任意点$(x, y)x$方向的倾斜$i_x(x，y)$为

$$i_x(x, y) = \partial w(x, y)/\partial x$$

$$= w_{\max} \iint_D \left[2\pi(\eta - x)/r^4\right] \exp\left\{-\pi\left[(\eta - x)^2 + (\xi - y)^2\right]/r^2\right\} \mathrm{d}\eta \mathrm{d}\xi$$

(mm/m)

盆地内任意点$(x, y)y$方向的倾斜$i_y(x, y)$为

$$i_y(x, y) = \partial w(x, y)/\partial y$$

$$= w_{\max} \iint_D \left[2\pi(\xi - y)/r^4\right] \exp\left\{-\pi\left[(\eta - x)^2 + (\xi - y)^2\right]/r^2\right\} \mathrm{d}\eta \mathrm{d}\xi$$

(mm/m)

盆地内任意点$(x, y)x$方向的曲率$K_x(x, y)$为

$$K_x(x, y) = \partial^2 w(x, y)/\partial x^2 = \partial i_x(x, y)/\partial x$$

$$= w_{\max} \iint_D \frac{2\pi}{r^4}\left[\frac{2\pi(\eta - x)^2}{r^2} - 1\right] \exp\left\{-\pi\left[(\eta - x)^2 + (\xi - y)^2\right]/r^2\right\} \mathrm{d}\eta \mathrm{d}\xi$$

$(10^{-3}$/m)

盆地内任意点$(x, y)y$方向的曲率$K_y(x, y)$为

$$K_y(x, y) = \partial^2 w(x, y)/\partial y^2 = \partial i_y(x, y)/\partial y$$

$$= w_{\max} \iint_D \frac{2\pi}{r^4}\left[\frac{2\pi(\eta - y)^2}{r^2} - 1\right] \exp\left\{-\pi\left[(\eta - x)^2 + (\xi - y)^2\right]/r^2\right\} \mathrm{d}\eta \, \mathrm{d}\xi$$

$(10^{-3}$/m)

盆地内任意点$(x, y)x$方向的水平移动$u_x(x, y)$为

$$u_x(x,y)=u_{\max}\iint\limits_D \frac{2\pi(\eta-x)}{r^3}\exp\left\{-\pi\left[(\eta-x)^2+(\xi-y)^2\right]/r^2\right\}\mathrm{d}\eta\mathrm{d}\xi$$

(mm/m)

盆地内任意点(x,y) y方向的水平移动$u_y(x,y)$为

$$u_y(x,y)=u_{\max}\iint\limits_D \frac{2\pi(\eta-y)}{r^3}\exp\left\{-\pi\left[(\eta-x)^2+(\xi-y)^2\right]/r^2\right\}\mathrm{d}\eta\mathrm{d}\xi+w(x,y)\cot\theta$$

(mm/m)

盆地内任意点(x,y) x方向的水平变形$\varepsilon_x(x,y)$为

$$\begin{aligned}\varepsilon_x(x,y)&=\partial u_x(x,y)/\partial x\\&=u_{\max}\iint\limits_D \frac{2\pi}{r^3}\left[\frac{2\pi(\eta-x)^2}{r^2}-1\right]\exp\left\{-\pi\left[(\eta-x)^2+(\xi-y)^2\right]/r^2\right\}\mathrm{d}\eta\mathrm{d}\xi\end{aligned}$$

(mm/m)

盆地内任意点(x,y) y方向的水平变形$\varepsilon_y(x,y)$为

$$\begin{aligned}\varepsilon_y(x,y)&=\partial u_y(x,y)/\partial y\\&=u_{\max}\iint\limits_D \frac{2\pi}{r^3}\left[\frac{2\pi(\eta-y)^2}{r^2}-1\right]\exp\left\{-\pi\left[(\eta-x)^2+(\xi-y)^2\right]/r^2\right\}\\&\quad\mathrm{d}\eta\mathrm{d}\xi+i_y(x,y)\cot\theta\end{aligned}$$

(mm/m)

盆地内任意点(x,y)的扭曲变形$s(x,y)$为

$$\begin{aligned}s(x,y)&=\partial^2(x,y)/\partial x\partial y\\&=w_{\max}\iint\limits_D \frac{4\pi^2(\eta-x)(\xi-y)}{r^6}\exp\left\{-\pi\left[(\eta-x)^2+(\xi-y)^2\right]/r^2\right\}\mathrm{d}\eta\mathrm{d}\xi\end{aligned}$$

$(10^{-3}/\mathrm{m})$

盆地内任意点(x,y)的剪切变形$\gamma(x,y)$为

$$\begin{aligned}\gamma(x,y)&=\frac{\partial u_x(x,y)}{\partial y}+\frac{\partial u_y(x,y)}{\partial x}\\&=2u_{\max}\iint\limits_D \frac{4\pi^2(\xi-x)(\eta-y)}{r^5}\exp\left\{-\pi\left[(\eta-x)^2+(\xi-y)^2\right]/r^2\right\}\\&\quad\mathrm{d}\eta\mathrm{d}\xi+i_x(x,y)\cot\theta\end{aligned}$$

$(10^{-3}/\mathrm{m})$

上列公式中的有关参数说明如下：

w_{max} 为充分开采的最大下沉值(mm)，它只与开采矿层的法线厚度 m(mm)以及矿层的倾角 α(°)有关

$$w_{max} = q \cdot m \cdot \cos\alpha \quad \text{(mm)}$$

式中 q——矿层充分开采的下沉系数，是概率积分法的重要参数之一。

$$u_{max} = b \cdot w_{max} \quad \text{(mm)}$$

式中 b——水平移动系数，是概率积分法的另一重要参数。

D——煤层开采区域，对于矩形工作面则取决于其倾向长度 l_0(m)和走向长度 s_0(m)。

r——盆地走向主剖面的主要影响半径(m)，与走向主剖面的采深(H)和走向主剖面的主要开采影响角的正切($\tan\beta$)有关

$$r = \frac{H}{\tan\beta} \quad \text{(m)}$$

式中 H——走向采深，等于下山采深(H_1)和上山采深(H_2)的平均值；

$\tan\beta$——概率积分法的又一重要参数。

θ——开采影响传播角(°)，也是概率积分法的重要参数，一般与最大下沉角值接近。

x，y——移动盆地内任意点相对于概率积分法理论坐标系的坐标(m)。概率积分法的理论坐标系(x，y)与以工作面左下角为原点的概略坐标系(x', y')之间的关系如下

$$x = x' + s_3 \quad \text{(m)}$$

$$y = y' + h_1 \cot\theta + s_1 \frac{\sin(\theta+\alpha)}{\sin\theta} \quad \text{(m)}$$

式中 s_1——工作面倾向下山和上山的拐点偏移距；

s_3——工作面走向左、右侧拐点偏移距。

s_1、s_3 为概率积分法的另一项重要参数，均以 m 为单位。

4.6　煤矿采空区预计参数

4.6.1　调查区煤矿采空区预计参数

调查区各煤矿采空区预计参数见表 4-6。

表 4-6　调查区煤矿采空区预计参数一览表

地区	矿区	覆岩力学性质(MPa)	边界角(°)			移动角(°)			概率积分法预计参数		
			δ_0	γ_0	β_0	δ	γ	β	q	b	$\tan\beta$
豫西区	平煤一矿	43	55	57	51.5	71	70	65.5	0.74	0.2	1.8
	平煤八矿	40	62	57	55.4	71	68	65.5	0.84	0.3	1.71
	大庄矿	35	60	57	53	72.5	68	67.9	0.75	0.25	2.0
	义马千秋矿	43	57.5		51	72.5	70	68.5	0.66	0.28	1.9
	宜阳宜洛矿	37	58		53	70.5	72	64	0.75	0.21	2.2
	郑煤米村矿	45	56	55	50	72	68	64	0.75	0.3	2.4
	郑煤裴沟矿	45	56	55	50	72	68	64	0.7	0.28	2.1
	大峪沟矿	45	56	55	50	72	68	64	0.65	0.25	2.0
	新峰矿	35	64		59.2	70.3	67	68	0.73	0.31	2.35
	铁生沟矿	36	60		52	70	68	65	0.65	0.3	2.2
豫北区	焦作演马矿	28	58.2		50.7	81.7	77.5	64	0.87	0.23	1.9
	济源矿	30	56		48	72	70	63.5	0.75	0.25	1.9
	鹤壁四矿	47	60	55	53	72	68	70	0.75	0.21	2.32
	安阳铜冶矿	47	60	55	53	72	68	70	0.75	0.21	2.32
豫东区	永城新庄矿	45	55		51	70	65	68	0.70	0.22	2.1

4.6.2　河南省煤矿采空区预计参数

通过对收集的资料进行分析与研究，河南省煤矿采空区按覆岩性质分类的地表移动参数(α<50°)见表 4-7，覆岩上方松散层移动角见表 4-8。

表 4-7 河南省煤矿采空区按覆岩性质分类的地表移动参数(α <50°)

覆岩类型		中硬
岩层性质		大部分以古生代地层中硬砂岩、石灰岩和砂质页岩为主，还有页岩、粉砂岩、软砾岩、致密泥灰岩和铁矿石
单向抗压强度(MPa)		30 ~ 60
概率积分法预计参数	下沉系数(q)	0.55 ~ 0.85
	水平移动系数(b)	0.2 ~ 0.3
	主要影响角正切($\tan\beta$)	1.90 ~ 2.40
	开采影响传播角(θ)(°)	90–(0.5 ~ 0.7) α
	拐点偏移距(s)	(0.08 ~ 0.30)H
移动角(°)	走向(δ)	70 ~ 75
	上山(γ)	70 ~ 75
	下山(β)	δ –(0.6 ~ 0.7) α
边界角(°)	走向(δ_0)	55 ~ 65
	上山(γ_0)	55 ~ 65
	下山(β_0)	δ_0 –(0.6 ~ 0.7) α
重复采动下沉活化系数	一次	0.20
	二次	0.10
	三次	0.05
冒落带和裂隙带高度	冒落带高度(H_m)	$\frac{100\Sigma M}{4.7\Sigma M+19}\pm 2.2$
	裂隙带高度(H_l)	$\frac{100\Sigma M}{1.6\Sigma M+3.6}\pm 5.6$

表 4-8　河南省煤矿采空区覆岩上方松散层移动角(φ)

松散层厚度(h)(m)	不含水(°)	含水较强(°)	含流砂层(°)
<40	50	45	30
40 ~ 60	55	50	35
>60	60	55	40

4.7　采空区地表允许变形值

我国原煤炭工业部(局)颁发的《建筑物、水体、铁路及主要井巷煤柱留设与压煤开采规程》中规定了建筑物地表允许变形值。为便于参考，将一些国家规定的煤矿采空区建筑物地表容许变形值列于表 4-9。

表 4-9　一些国家规定的建筑物地表(地基)允许变形值

国　别	水平变形		垂直变形	
	拉伸($+\varepsilon$)(mm/m)	压缩($-\varepsilon$)(mm/m)	倾斜(i)(mm/m)	曲率(K)(10^{-3}/m)
中　国	2	2	3	0.2
波　兰	1.5	1.5	2.5	0.05
苏联(顿巴斯)	2	2	4	0.05
苏联(卡拉甘达)	4	4	6	0.33
美　国	0.4	0.8	3.3	—
德　国	0.6	0.6	1 ~ 2	—
法　国	0.5	1 ~ 2	—	—
日　本	0.5	0.5	—	—
英　国	1.0		(水平长度绝对变化小于 0.03 m)	

4.8 采空区稳定性工程地质模式及类型

工程地质模式是指在特定的工程地质条件下，经受特定形式的工程地质作用，产生特定的工程地质现象。所以，工程地质模式包括工程地质条件模式、工程地质作用模式和工程地质现象模式。对采空区而言，所处的地质环境的复杂性，决定了其工程地质条件的多样性，它经受的工程地质作用除采矿作用外，还叠加着其他人类活动和自然地质作用，所经受的工程地质过程复杂多变。不同类型的采空区具有不同的工程地质稳定性模式，其具体的模式类型见表 4-10 ~ 表 4-12。

需要指出的是：在采空区模式划分过程中，关于煤矿闭矿的时间问题，就目前的研究现状来看，埋深在 100 ~ 200 m 的煤层，水平或缓倾斜产状的采空区，一般稳定时间在 2 ~ 3 年，急倾斜产状的采空区，一般稳定时间在 3 ~ 5 年。由于煤矿采空区工程问题涉及拟建工程的安全问题，因此在制定标准时，在原有收集与分析资料的基础上，考虑了 1 ~ 2 倍的安全系数，以保证将来采空区上方拟建工程的安全。

4.8.1 采空区稳定模式(Ⅰ型)

其特点是地表变形规律性强，与采矿条件对应性好，该工程地质模式可以概括如表 4-10 所示。

4.8.2 采空区基本稳定模式(Ⅱ型)

其特点是地表变形规律性较强，与采矿条件对应性较好，其工程地质模式概括如表 4-11 所示。

表 4-10　采空区稳定模式(Ⅰ型)

煤层产状	采矿条件	地质条件	采动效应
水平或缓倾斜	1. $\frac{H}{M}$<40,工作面开采结束 5 年以上; 2. $\frac{H}{M}$>40,工作面开采结束 8 年以上; 3.长壁垮落法开采	1.坚硬—软弱覆岩; 2.无大的地质构造; 3.水文地质简单; 4.薄矿层开采深度大于 100 m 的采空区; 5.停采 3 年以上无新的开采扰动	地表移动量小而连续,下沉一般小于 200 mm，倾斜小于 3%，水平变形小于 2%，对建设基本无影响
倾斜	1. $\frac{H}{M}$<40,工作面开采结束 5 年以上; 2. $\frac{H}{M}$>40,工作面开采结束 8 年以上; 3.长壁垮落法开采	1.坚硬—软弱覆岩; 2.无大的地质构造; 3.水文地质简单; 4.薄矿层开采深度大于 100 m 的采空区; 5.停采 3 年以上无新的开采扰动	地表移动量小而连续,下沉一般小于 200 mm，倾斜小于 3%，水平变形小于 2%，对建设基本无影响
急倾斜	1. $\frac{H}{M}$<40，工作面开采结束 8 年以上; 2. $\frac{H}{M}$>40，工作面开采结束 10 年以上; 3.房柱式和条带式开采	1.坚硬—软弱覆岩; 2.无大的地质构造; 3.水文地质简单; 4.薄矿层开采深度大于 100 m 的采空区; 5.停采 3 年以上无新的开采扰动	地表移动量小而连续,下沉一般小于 200 mm，倾斜小于 3%，水平变形小于 2%，对建设基本无影响

表 4-11　采空区基本稳定模式(Ⅱ型)

煤层产状	采矿条件	地质条件	采动效应
水平或缓倾斜	1. $\frac{H}{M}$<40，工作面开采结束 3～5 年； 2. $\frac{H}{M}$>40，工作面开采结束 5～8 年； 3.长壁垮落法开采	1.坚硬—中硬覆岩； 2.无大的地质构造； 3.水文地质条件较简单	地表移动量较大而连续，下沉一般小于 300 mm，倾斜小于 6%，水平变形小于 4%，对建设有一定的影响
倾斜	1. $\frac{H}{M}$<40，工作面开采结束 3～5 年； 2. $\frac{H}{M}$>40，工作面开采结束 5～8 年； 3.长壁垮落法开采	1.坚硬—中硬覆岩； 2.无大的地质构造； 3.水文地质条件较简单	地表移动量较大而连续，下沉一般小于 300 mm，倾斜小于 6%，水平变形小于 4%，对建设有一定的影响
急倾斜	1. $\frac{H}{M}$>40，工作面开采结束 5～8 年； 2. $\frac{H}{M}$>40，工作面开采结束 8～10 年； 3.房柱式和条带式开采	1.坚硬—软弱覆岩； 2.无大的地质构造； 3.水文地质条件较简单	地表移动量较大而不连续，可能出现台阶、塌陷等。下沉一般小于 300 mm，倾斜小于 6%，水平变形小于 4%，对建设有一定的影响

4.8.3　采空区不稳定模式(Ⅲ型)

其特点是地表变形量较大，对拟建工程危害较大，其工程地质模式概括如表 4-12 所示。

表 4-12　采空区不稳定模式(Ⅲ型)

煤层产状	采矿条件	地质条件	采动效应
水平或缓倾斜	1.当 $\frac{H}{M}$<40，工作面开采结束 3 年以内； 2.当 $\frac{H}{M}$>40，工作面开采结束 5 年以内； 3.长壁垮落法开采	1.软弱—中硬覆岩； 2.存在大的地质构造； 3.水文地质条件复杂； 4.薄矿层开采深度小于 100 m 的采空区； 5.停采 3 年以上又有新的开采扰动	地表移动量大，移动不连续。可能出现大的沉陷盆地。下沉大于 300 mm，倾斜大于 6%，水平变形大于 4%，对建设有影响，必须采取工程措施
倾斜	1.当 $\frac{H}{M}$<40，工作面开采结束 3 年以内； 2.当 $\frac{H}{M}$>40，工作面开采结束 5 年以内； 3.长壁垮落法开采	1.软弱—中硬覆岩； 2.存在大的地质构造； 3.水文地质条件复杂； 4.薄矿层开采深度小于 100 m 的采空区； 5.停采 3 年以上又有新的开采扰动	地表移动量大，移动不连续。可能出现大的沉陷盆地。下沉大于 300 mm，倾斜大于 6%，水平变形大于 4%，对建设有影响，必须采取工程措施
急倾斜	1.当 $\frac{H}{M}$<40，工作面开采结束 5 年以内； 2.当 $\frac{H}{M}$>40，工作面开采结束 8 年以内； 3.房柱式和条带式开采	1.软弱—坚硬覆岩； 2.有断层、褶皱等构造； 3.水文地质条件复杂； 4.薄矿层开采深度小于 100 m 的采空区； 5.停采 3 年以上又有新的开采扰动	地表移动量大，移动不连续。可能出现大的台阶、塌陷等。下沉大于 300 mm，倾斜大于 6%，水平变形大于 4%，对建设有影响，必须采取工程措施

4.9 采空区评价和治理类级

4.9.1 采空区地表稳定性评价类型

采空区地表稳定性评价类型可按采矿方法、覆岩性质、矿物赋存条件、开采时间和地形地质条件等影响因素进行划分。

4.9.1.1 按采矿和顶板管理方法分类

采矿和顶板管理方法是影响采空区地表移动变形最直接的主要因素，不同的采矿和顶板管理方法对应的地表移动变形量及其延续时间都不相同，因而其稳定性也就不同。以煤层采空区为例，可分为长壁、短壁、柱式及特殊开采四类。

1. 长壁陷落法开采

长壁陷落法开采也称长壁大冒顶开采，为目前大型和特大型矿井使用的常规采煤方法。其单一工作面长度一般大于 100 m，工作面推进长度通常在 500 m 以上，放顶后，顶板自由或强制冒落。这种采煤方法的综合机械化程度和回采率高，推进速度快，采空区面积大，因而地表移动速度快，移动变形量也大。但是随着采空时间的推移，老采空区内的空洞率和残余变形量却较小。

2. 短壁陷落法开采

短壁陷落法开采为目前中型矿井使用的常规采煤方法。其单一工作面长度一般在 60 ~ 80 m，推进长度通常在 200 ~ 300 m，放顶后，顶板一般为自由冒落。这种采煤方法一般采用爆破和普通机械作业，回采率和采空区面积都较长壁陷落开采法低一些，地表移动量和移动速度也相对小一些，但老采空区内的空洞率和残余变形量都较长壁陷落法开采略大一些。

3. 巷柱式或房柱式开采

巷柱式为目前小煤矿使用的非正规采煤方法。一般在运输巷两侧隔一定距离穿巷刷帮开采，采巷的长度、宽度视顶板情况而定，一般巷长 10 ~ 20 m，采宽 6 ~ 10 m，柱宽 4 ~ 6 m，用爆破和简单采掘机械开采，放顶后顶板自由冒落。房柱式一般多用于新中国成立前的古窑采空区：先用间隔为 20 ~ 30 m 的巷道将采区分割成近似方块，然后再用人工破方开采，在采间四角遗留煤柱支撑顶板，放顶后顶板自由冒落。我国巷柱式或房柱式开采作业不规范，回采率低，地表移动变形规律性差。一般浅采空区易出现塌陷坑或环形沉陷区，深采空区则地表移动变形缓慢，残余空洞率较大。

4. 特殊开采方法

特殊开采方法是为了控制顶板冒落和地表移动变形量而专门设计的开采方法。我国使用较多的有条带法和充填法两类，多用于建筑物下安全开采。

1) 条带开采

一般是在长壁陷落法布置的工作面范围内，以采、留相间的方式，按设计要求的条带宽度进行条带式开采和留设条带煤柱。工作面的面积采出率一般为 40%~60%。条带采空区的顶板有自由冒落和充填支护两种，分别称为冒落条带法和充填条带法。条带开采使顶板上方一定高度的岩层内形成连续自然拱而阻滞上覆岩层和地表的沉陷，使采空区上覆岩层和地表的移动量及移动速度减小，形成一个平缓的碟形移动盆地，从而可以控制地表变形，使其小于保护对象的允许变形值。密实充填条带采空区的地表移动变形和地下空洞率都很小。冒落条带采空区的地表移动变形和地下空洞率略大一些，但如设计合理，覆岩和地表的稳定性一般都可以保证。

2) 充填开采

在长壁工作面开采过程中，用充填采空区的方法控制顶板，使其不发生冒落，从而可以控制覆岩和地表的移动与变形。充填开采按充填材料分类，我国用得较多的为水砂充填，个别矿曾试用过风力充填和矸石自溜充填，国外还有用混凝土充填和带状充填，高水材料充填开采也正在试验当中。充填开采的效果与煤层倾角、充填材料压缩系数以及充填工艺等因素有关。一般水砂充填的效果大体相当于冒落条带；风力充填和矸石自溜充填效果较差；混凝土充填效果最好，大体相当于水砂充填条带开采。因此，混凝土充填和水砂充填条带开采的地表稳定性最好；水砂充填开采的地表稳定性也较为可靠；而矸石自溜或带状充填的采空区空洞率较大，地表稳定性较差。

4.9.1.2　按覆岩的物理力学性质分类

采空区上覆岩(土)层的物理力学性质是影响地表移动变形和稳定性的重要因素。目前我国煤矿地表移动变形计算将上覆岩层分为坚硬、中硬和软弱三类。

1. 坚硬覆岩

岩性以中生代地层的硬砂岩、硬石灰岩为主，岩层的节理裂隙不发育，整体性较好，平均单向抗压强度大于 60 MPa，平地缓倾斜煤层长壁大冒顶开采的最大下沉量为采厚的 27% ~ 54%。坚硬覆岩采空区的顶板冒落过程缓慢，空顶时间长，冒落岩块较大，上覆岩层裂隙带发育较高，因而冒裂岩块间的空洞率较大，地表下沉和移动变形量较小，但移动延续时间较长。

2. 中硬覆岩

岩性以中生代地层的中硬砂岩、石灰岩、砂质页岩和页岩为主，岩层的节理和裂隙较发育，平均单向抗压强度为 30 ~ 60 MPa，平地缓倾斜煤层长壁大冒顶开采的最大下沉量为采厚的 55% ~ 84%。中硬覆岩采空区的顶板冒落较快，一般可以随着工作面的推进即时冒落，冒落岩块较小，上覆岩层裂隙带发育高度比坚硬覆岩低，冒裂岩块间的空洞率也较小，地表的下沉和移动变形量则较大，移动延续期也比坚硬覆岩短。

3. 软弱覆岩

岩性大部分为新生代地层的砂质泥岩、泥岩、泥灰岩以及黏土和砂质黏土等软岩层和松散层，平均单向抗压强度小于 30 MPa，平地缓倾斜煤层长壁大冒顶开采的最大下沉量为采厚的 85% ~ 100%。软弱覆岩采空区顶板随采随冒，且冒落块度小，覆岩裂隙带发育高度低，冒裂岩层间的空洞率很小，地表下沉和移动变形量大而集中，但移动延续期短。

4.9.1.3　按矿物赋存条件分类

地下矿物赋存的物理状态通常有固态、液态和气态三大类，其中固态矿物又分层状和非层状(或脉状)两类。煤矿多为层状分布，而金属矿多为脉状分布。矿物的赋存条件如深度、厚度和倾角等对其采空区地表的稳定性有直接影响。层状矿物尤其是煤层分布面积广且开采量大，按煤层采空区的采深、采厚和倾角等赋存条件对地表稳定性的影响分类如下。

1. 开采深度和厚度

观测和研究表明，采空区地表移动变形的大小与开采深度有反比函数关系(逆相关)，而地表移动范围则随采深的增大而增加(正相关)。观测和研究同时表明，采空区地表移动变形的大小与开采厚度(指煤层法向厚度)正相关，即开采厚度愈大，或开采层数愈多，地表的变形量也愈大。如果综合考虑分层开采深度(*H*)和分层开采厚度(*M*)对地表稳定性的影响，可以用采深与采厚的比值(*H*/*M*，简称深厚比)来衡量。按分层开采的深厚比可划分为浅层、中深层和深层三类。

1) 浅层采空区

浅层采空区的开采深厚比(*H*/*M*)小于40。浅层常规壁式陷落法开采的采空区地表移动剧烈，移动速度和移动变形量都很大，地面可出现明显的台阶状塌陷裂缝或塌陷坑，地表裂缝可能与下部裂隙带连通，开采过程中可使地面建(构)筑物产生严重损坏，但移动延续时间短，地下空洞率和残余变形相对较小。浅层非常规的柱式采空区地表形成的塌陷坑可使地面建(构)筑物产生严重破坏，采空区内遗留的地下空洞及残余变形也可能对地表稳定性构成潜在危害。

2) 中深层采空区

中深层采空区的开采深厚比(*H*/*M*)大于40，但小于200。中深层壁式陷落法开采的采空区地表可产生不同程度的移动、变形和裂缝，可使地面建(构)筑物产生不同程度的损坏，覆岩冒裂带和柱式采空区内残存的空洞及残余变形也可能对地表的稳定性构成不同程度的潜在危害。

3) 深层采空区

深层采空区的开采深厚比(*H*/*M*)等于或大于200。深层采空区地表移动范围相对较大，但移动速度缓慢，移动变形量小，如无特殊恶劣的地形和地质构造影响，即使是长壁陷落法开采，地表一般也不会发生明显的塌陷裂缝。开采过程中，一般也不会对地面建(构)筑物产生结构性损害，冒裂带或柱式采空区内残存的空洞一般也不会对地表的稳定性构成潜在危害。

2. 矿层倾角

矿层倾角是层状矿物赋存的重要指标。观测和研究表明，煤层倾角的大小直接影响煤层采空区地表移动变形的分布状态，按煤层倾角(α)的大小，可将采空区分为水平—缓倾斜、倾斜和急倾斜三大类。

1) 水平—缓倾斜煤层采空区

煤层倾角(α)小于或等于 15°。采空区地表移动盆地大体与采空区的平面位置相对称，地表移动变形分布大致对称于采空区中心。

2) 倾斜煤层采空区

煤层倾角(α)介于 16°～45°之间。倾斜煤层采空区地表移动盆地偏向下山方向，地表移动变形值对采区中心呈偏态分布，下山方向的移动范围、移动变形值和移动延续时间都大于上山方向。

3) 急倾斜煤层采空区

煤层倾角(α)等于或大于 46°。急倾斜煤层采空区移动盆地偏于下山方向。由于采空区顶板冒落岩块沿底板滑动或滚动堆积于下山方向，倾向主剖面的移动盆地常呈勺形，煤层露头处常出现塌陷槽，煤层底板可出现抽冒现象。移动盆地的移动变形分布呈现极不对称状态，有的水平移动可能大于下沉，移动盆地内常出现较宽的地表裂缝和倒台阶式剪切变形。

4.9.1.4 按采空区开采时间分类

采空区地表任意点的移动都要经历初始期(T_C)、活跃期(T_H)、衰退期(T_S)和残余期(ΔT)，各时期的移动量和移动速度各不相同。观测和研究表明，移动延续期的长短与覆岩性质、开采方法、开采深度和工作面推进速度等因素有关。在长壁陷落法开采条件下，上覆岩层愈硬、开采深度愈大、工作面推进速度愈慢，点的移动延续期愈长；反之，上覆岩层愈软、开采深度愈小、工作面推进速度愈快，点的移动延续期愈短。

4.9.1.5 按地形地质条件分类

采空区的地形地质条件是影响采空区地表稳定性的重要因素之一，按采空区的地形、地貌和地质条件可将采空区分为一般平地采空区、山地采空区和特殊地质条件采空区三类。

1. 一般平地采空区

地面坡角小于 10°且地形起伏变化很小，采空区内无大的断层、陷落柱、水砂层和软土层，地下水位较低，开采后不致引起地表积水。

2. 山地采空区

地面平均坡角大于 10°且地形起伏变化很大，具有山顶、山坡、山梁、沟谷等山区地形地貌特征。山区在地下矿层开采影响下可能产生附加滑移或采动滑坡。

3. 特殊地质条件采空区

采空区内具有落差大于 10 m 且直达地表的高角度断层带；或有直径大于 40 m，面积大于 1 200 m^2 的陷落柱和冲刷带；或上覆岩层和松散层内含有厚度大于 1 m 的水砂层或软土层；或采空区的水位较高，地表塌陷盆地内积水。

4.9.2 采空区评价类型和治理等级

根据采空区的上述分类，可按其评价和治理难度将采空区划分为四大类型和四个等级。

4.9.2.1 采空区评价类型

根据采空区评价的难易程度划分为四类：

一类为条带法或充填法等特殊开采的采空区，属简易评价类型。此类采空区只需搜集有关开采设计、开采实施、地表移动观测和采动损害状况等资料进行简易评价，说明地表的稳定状况即可。

二类为长壁陷落一般平地采空区，属一般性评价类型。这类采空区的地形、地质和采矿资料较为齐全、精度较高，评价的理论、方法和参数也较为完善，因而评价难度不大，但评价工作量较大，评价精度相对较高。

三类为短壁陷落一般平地采空区，属难度较大的评价类型。这类采空区的地形、地质和采矿资料的完备性和精度较差，评价的理论、方法和参数也不够完善，评价的难度和工作量略大于二类，评价精度也略低一些。

四类为柱式采空区及山地和特殊地质条件采空区，属难度很大的评价类型。这类采空区的地形、地质和采矿资料不全、精度不高；或评价的理论、方法和参数可靠性较差，评价精度相对较低。

4.9.2.2 采空区治理等级

按采空区治理的难度和工程量大小划分为四个等级：

一级为地表稳定性可靠的采空区。这种采空区的地下空洞率极小，或地下空洞对地表稳定性不构成危害，一般不需采取专门的治理措施。

二级为地表稳定性不很可靠的采空区。这种采空区的地下空洞率虽然较小，却对地表稳定性有一定影响，需要采取专门治理措施，但治理难度和工程量相对较小。

三级为地表稳定性较差的采空区。这种采空区地下空洞率较大，对地表的稳定性会构成一定危害，需要采取专门治理措施，治理的难度和工程量均较大。

四级为地表稳定性很差的采空区。这种采空区地下空洞率很大，或覆岩采动破坏严重，地表稳定性很差，需要采取专门治理措施，且治理的难度和工程量都很大。

根据上述采空区稳定性评价和治理难度划分的类级见表 4-13。

表 4-13 采空区稳定性评价和治理难度分类表

分类	覆岩性质			矿物开采条件						开采时间			地形地质条件		
				开采深厚比			矿层倾角								
	坚硬	中硬	软弱	浅层	中深层	深层	平缓 $\alpha \leq 15°$	倾斜 $\alpha = 16° \sim 45°$	急倾斜 $\alpha \geq 46°$	初始—活跃期	衰退期	残余期	一般平地	山地	特殊地质条件
特殊开采采空区(简易评价类)	1–1	1–1	1–1	1–1	1–1	1–1	1–1	1–1	1–1	1–1	1–1	1–1	1–1	1–1	1–1
长壁陷落一般平地采空区(一般评价类)	2–3	2–2	2–3	2–3	2–2	2–1	2–2	2–2	2–3	2–3	2–2	2–2	2–2	4–3	4–3
短壁陷落一般平地采空区(难度较大类)	3–3	3–2	3–3	3–3	3–2	3–1	3–2	3–2	3–3	3–3	3–2	3–2	3–3	4–3	4–3
柱式及山地、特殊地质条件采空区(难度很大类)	4–4	4–3	4–3	4–4	4–3	4–1	4–3	4–3	4–4	4–4	4–3	4–3	4–3	4–4	4–4

第 5 章　采空区塌陷灾害治理方法的研究

5.1　采空区塌陷灾害治理方法的分类

采空区塌陷灾害治理方法主要适用于已有采空区的地面生态恢复和地面建筑物加固、将要在采空区上覆地面修建工程时对采空塌陷区采用的工程措施，其具体分类及其适用条件见表 5-1。

表 5-1　采空区塌陷灾害治理方法分类一览表

治理方法	具体措施	适用条件
土地复垦	充填复垦 非充填复垦 微生物复垦	采空区造成地表生态已经被破坏的废弃地
注浆充填	全充填注浆 条带充填注浆 墩台式充填注浆	一般在线状工程上使用，如公路、铁路经过已有采空区时使用；对于危桥、危房(楼)等加固工程也可采用
桩基础处理采空区	混凝土灌注桩	广泛应用于软弱地基、工业建筑、高层楼宇、重型仓储结构、桥梁及其他的深基础建筑物上
工程本身结构保护措施	针对具体工程的特点提出具体的加固措施，如具有代表性的建筑物加固措施、铁路维修措施、水体处理措施等	在一些地表变形不是很大的区域采用工程加固的措施一般就能满足工程使用要求，有时也和其他技术措施结合使用

采空区塌陷灾害的治理并不是单一地局限于煤炭行业，而是涉及诸如公路、铁路、工民建等行业，行业不同，采取的治理方法也不尽相同，因此根据行业的不同，可分为以下几种，见表 5-2。

表 5-2 不同行业采空区塌陷灾害治理方法分类一览表

行业划分	治理方法分类	具体技术措施	适用条件
煤炭行业	土地复垦	充填复垦 非充填复垦 微生物复垦	采空区造成地表生态已经被破坏的废弃地
工民建行业	建筑物结构保护措施	①预留变形缝；②钢拉杆加固；③钢筋混凝土圈梁加固；④钢筋混凝土锚固板加固；⑤堵砌门窗洞；⑥设置变形补偿沟	在一些地表变形不是很大的区域采用工程加固的措施一般就能满足工程使用要求，有时也和其他技术措施结合使用
	桩基础处理采空区	灌注桩通过煤层采空区	在采空区埋深较浅的地方
公路行业	注浆充填	全充填注浆 条带充填注浆 墩台式充填注浆	采空区分布范围大
	非注浆方法	①干砌方法；②浆砌方法；③开挖回填方法；④桥跨方法	采空区浅，且尚未塌陷，人能进入
	综合型治理方法	根据具体的地质、采矿及工程地质条件可采用两种或两种以上的施工方法	
铁路行业	路面维修	填道渣抬高路基、拨道、起道	采空区地表变形量较小
	注浆充填	全充填注浆	采空区地表变形量较大
	综合型治理方法	路面维修技术措施和井下注浆结合使用，当其中一种措施就可以达到要求时，则不必采取其他技术措施	

5.2　选择采空区塌陷灾害治理方法的原则

5.2.1　总体原则

任何治理方法的选择都不是单一的，应充分考虑各种影响因素，分清各种影响因素的权重，有重点、有针对性地选择治理方法。如果不考虑采空区地表变形，而只考虑采空区对矿山环境的影响，则首先考虑采用土地复垦的方法；如果在采空区地段进行工程建设，则首先应通过对采空区的成因和地质背景及其对场地稳定性影响的分析与研究，结合多种手段和勘察技术对采空区进行专门的勘察，得出地下采空区对工程危害程度的工程地质评价。若在工程使用年限内，地表变形(垂直、水平方面)量在国家规定的各种工程容许变形范围内，采空区对工程安全无危害，不会引发各种地质灾害时，则无需治理；若采空区引起地表变形量超过工程容许变形量，上覆岩土处于不稳定状态，采空区将对工程产生危害，或者将会引发各类地质灾害，就需要治理。治理方法的选择必须充分依据评价结果来选取。对将要产生的未来采空区应该根据该地的地质背景及相关采矿技术资料对上覆岩(土)体可能产生的地表变形进行预计，根据预计结果确定采用哪些治理方法。无论选取何种治理方法，其最终都必须达到满足工程使用的目的。在同样一个采空区治理上，可能存在多个治理方案可供选择，因此在选择合理的治理方法时一般应遵循以下原则：

(1)尽量减少矿产资源的浪费，提高矿产资源的回采率。

(2)所选择的治理方法必须简单易行，尽量单一化。在井下应该对煤炭资源的正常回采不会造成较大影响，在地面也应该不影响工程的正常运行。

(3)治理方法必须充分考虑其适用性，确保可靠，一次成功，避免重复返工。

(4)在有多种治理方案可供选择时，应选择技术上可行、综合技术经济评价最优的方案。

5.2.2 选择采空区塌陷灾害治理方法的程序和主要条件

5.2.2.1 程序

采空区塌陷灾害治理方法选择的程序是：在确定采空区治理目的的基础上，通过对采空区的成因和地质背景及其对场地生态环境的影响或对场地稳定性影响的分析与研究，结合多种手段和勘察技术对采空区进行专门的勘察，得出地下采空区对场地生态环境的影响或对工程危害程度的工程地质评价，在评价结果的基础上提出多种方案，然后对提出的各种方案进行技术、经济等方面的比较分析，最终确定经济上合理、技术上可行的治理方案。

5.2.2.2 主要条件

选择采空区塌陷灾害治理方法时必须考虑以下几个主要条件。

1. 采空区特征

采空区类型多样，赋存条件复杂，其埋藏深度、充填、冒落、充水情况及开采时间和方法、顶板管理方法、上覆地层岩性等情况，直接影响治理方法的选择，在选择方法时应充分考虑。

2. 工程目的

由于采空塌陷区上方治理工程目的不同，治理工程所要求的技术指标也不同。因此，应针对治理工程本身的具体情况，选择不同的治理方法。

3. 施工条件

施工要求的工期、材料的来源及单价、现场的作业条件、设备的性能、使用条件及施工过程中对周围环境的污染等不同，选用的治理方法就不同。因此，在选择治理方法时要充分考虑施工条件，对其进行技术经济综合分析比较。

5.3　土地复垦

1988 年 11 月 8 日，国务院颁布了《土地复垦规定》，明确规定因开采矿产资源造成地表塌陷破坏的土地，必须进行土地复垦，即采取整治措施，使其恢复到可供利用的状态，并规定实行“谁破坏，谁复垦”的原则。《中华人民共和国煤炭法》中也作了相应规定。塌陷区土地复垦，已成为矿区最重要的环境保护任务之一。

5.3.1　目的与任务

矿区土地复垦是一项综合治理工程，故其研究对象除被破坏了的地表外，还包括现有矸石及将要排出的矸石、农田水利设施、居民区规划、土地利用规划、矿区开发规划、井下工艺措施等。为很好地保护土地资源，还要防止现有塌陷区、露天矿坑及邻近区域的土壤侵蚀、边坡不稳及土地盐渍化等问题。

生物复垦的任务是根据复垦土地的利用方向来决定采取相应的生物措施，以维持矿区的生态平衡。其主要措施有：肥化土壤、恢复沃土、建造农林附属物、选择耕作形式及耕作工艺、优选农作物及树种等。

矿区土地复垦的目的如下：

(1)改善土壤肥力，修建地面排水系统，恢复土地的生产力，争取较大的经济价值，减轻塌陷地赔偿和搬迁赔偿，改善矿群关系，以期收到良好的经济效益和社会效益；

(2)合理充填矸石(有覆盖层)或在风化了的矸石上复垦，避免矸石山淋滤产生的对地表水、地下水和土壤的污染，消除因矸石自燃排出的有害气体对矿区大气的污染，创造良好的环境效益；

(3)在塌陷区或矸石山上植树造林，防止大气污染，改善矿区大气质量，防止水土流失和不稳定地表遭受侵蚀；

(4)在塌陷稳定区修建地面建筑，减少矿区建设征地。

5.3.2 土地复垦原则

5.3.2.1 总体原则

(1)谁破坏，谁治理；

(2)因地制宜，综合治理；

(3)统一规划；

(4)经济效益、社会效益、生态效益有机结合。

5.3.2.2 设计原则

先进性、合理性、可操作性。

5.3.2.3 生态学原则

(1)筛选耐干旱、耐瘠薄速生植被——固土保水；

(2)土壤质地改良——辅之水肥措施；

(3)采用微生物技术——还原土壤生态系统；

(4)综合利用。

5.3.3 土地复垦模式和技术要求

5.3.3.1 农业复垦

新的《土地管理法》加大了耕地的保护力度，并规定复垦土地应优先用于农业。农业复垦可根据不同情况采取不同的治理方法。在山地和丘陵地区，地势本来不平，塌陷不深，不影响耕种，可适当平整，不作其他治理，直接复垦。在平原地区，地表破坏塌陷不深，经平整后，根据潜水位的高低可改造成旱地或水田；地表破坏塌陷较深，潜水位较低，可采用在塌陷区内先充填后覆土的改造方法，然后复垦；对面积较大、塌陷深、潜水位浅的塌陷区，进行综合治理，采用“挖深填浅”的方法，对边缘地带进行填充，然后复垦。

5.3.3.2　林牧复垦

在塌陷地进行林牧复垦主要是由地形条件和覆土土质条件决定的。一般在山地和丘陵地区，土地原本不平整，塌陷后更难以平整，宜整治为园地，进行经济作物的种植，或植树造林；对于土地贫瘠、地势高、坡度大的土地，复垦为林地或牧地，对于坡度在 10° ~ 15°的低山丘陵塌陷区，或露天采煤后整治平整覆土的地区，阳光比较充足，适宜于牧草种植或林业种植。

5.3.3.3　渔业复垦

在塌陷地进行渔业复垦，投资少，见效快。一般情况下，平原地区的塌陷地，深度超过 2 m 的积水区即可辟为养鱼场。对于长年积水区，在“挖深填浅”后，塌陷区深处可进行水产养殖。对于正在采煤的塌陷区，由于塌陷仍在进行，可采取鱼鸭混养的粗放复垦模式。

5.3.3.4　旅游复垦

在塌陷地进行旅游复垦就是对充填后的塌陷地进行合理规划后，设置旅游景点，或栽种有观赏价值的树木、花草，或利用塌陷地修建小桥、湖泊，湖中养鱼，供人观赏；对于水面大、水体深、水质好的塌陷区，可兴建水中公园或游乐中心。

5.3.3.5　水源复垦

塌陷地水源复垦就是合理开发利用塌陷盆地，使塌陷地尽可能多堵、多蓄降雨，补给地下水，或进行水产养殖，灌溉土地等。这种模式对于水源较缺的北方，是一个很好的水资源开发途径。对于水质优良的塌陷区，可开发为新的水源地，建立水厂，经过净化处理将积水改造成饮用水，以缓解市区、厂矿企业和居民用水的紧张程度。

5.3.4　塌陷区充填复垦

河南省几乎所有煤矿的煤矸石都直接堆放在矿区的地面，形成巨大的人造矸石山，这不仅占用大量土地，而且污染矿区大气，影响当地景观。消灭煤矸石的主要途径之一是充填塌陷区。从调查结果看，向塌陷区直接排矸与向矸石山排矸相比，前者的费用比后者低，运输上也不存在问题。

5.3.4.1 矸石的土壤特性

矸石从暴露于自然环境开始，就同时进行着物理的、化学的和生物的变化，在形成碎砾及碎粒之后则以化学变化和物理变化为主，使小块碎砾、碎粒水解、水化、氧化及溶解，逐渐形成粉粒、黏粒，使矸石山表面风化的矸石具有疏松、多孔、分散、通风及蓄水保肥等特征，成为形成土壤的基础，并逐渐向土壤结构转变。同时，矸石山在风化过程中还释放出植物营养元素，如K、Na、Ca、Fe等。

从已有的分析结果看，矸石中N、P、K的含量均较低，含N量相当于5级土壤，特别是易被植物吸收的速效N和P含量更低，仅是5级土壤的1/6～1/10，有机质含量约是5级土壤的一半。土壤阳离子代换量标志着土壤保肥能力的大小，一般认为：阳离子代换量大于20 cmol/100 g，为保肥能力较强的土壤；10～20 cmol /100 g，为保肥能力中等的土壤；小于10 cmol /100 g，为保肥能力较弱的土壤。煤矸石具有一定的保肥能力，相当于保肥能力中等偏弱的土壤。

总的来看，矸石具有一定的可供植物吸收的养分，但含量低，仅相当于5～6级土壤的营养元素含量，属很贫瘠的土壤。若矸石风化后直接作为耕作土壤，则应增施速效N、P和有机肥。

5.3.4.2 矸石农业充填复垦的合理剖面结构与覆土厚度

根据旱地农业土壤剖面的层次结构及矸石的土壤特性，用新排矸石和未风化矸石农业充填复垦的合理剖面结构为：矸石层上部需覆土500 mm，其中200 mm厚作耕作层，100 mm厚作犁底层，200 mm厚作心土层。这样可适宜种植各类农作物，并达到优质农田的生产力。

当矸石表面存在一定厚度的风化层时，可减少相应的覆土厚度，以便节省覆土费用。

充填的矸石主要起承托作用，相当于一般农业土壤剖面的底土层，为使矸石承托层对上部覆土层有较好的水分、养分保蓄，防渗漏与合理供应，达到较好的通气、物质转运、土温保持等条件，该层矸石应有一定的密实程度，在矸石回填或充填过程中应进行适当压实处理。

5.3.4.3　塌陷区充填复垦为建筑用地应注意的问题

用煤矸石充填复垦塌陷区作为建筑用地，在我国已有成功经验。如淮北矿区的岔河煤矿，在煤矸石地基上建造 3 ~ 4 层试验楼房、游泳池、体育馆、矿中学和儿童乐园等建筑物均获成功，取得了明显的经济、环境和社会效益。

用煤矸石将塌陷区充填复垦为建筑用地，其技术关键是采取合理的充填方式和地基加固处理技术。为了提高矸石地基的稳定性和减小其不均匀塌陷，提高地基的承载能力，可采取水平分层充填、分层碾压的充填加固方式。用链轨推土机碾压，分层充填厚度一般不超过 0.3 m；用压路机碾压，分层厚度一般不超过 0.5 m；若用碾压机碾压，分层厚度可大大提高。采用此方式，可使矸石地基的承载力达到 150 kPa 以上，且由于隔绝了空气，还可防止矸石地基的自燃、风化和潮解。

如果采用全厚自卸式充填方法，则要用强夯法进行地基加固处理。夯锤重 8 ~ 40 t，起吊高度为 6 ~ 40 m，吊车上有限位自动脱钩装置，当夯锤吊到设计高度时自动落下，猛烈夯击地面使其加固。经强夯加固的地基，承载力可提高 2 ~ 5 倍，压缩性可降低 50% ~ 70%。

5.3.4.4　复垦后土壤改良与土地利用技术

生物复垦的主要任务是改良复垦后的土壤与优化复垦土地利

用方向。选择改良复垦土壤的方法时应考虑复垦土壤的理化特性、矿区现有物质及技术条件，并与种植措施相结合。土地利用计划不仅包括最初的土地利用方向的确定，还包括土壤肥力恢复期内的种植计划和耕作方式等。不同形式的复垦土壤的改良措施如表 5-3 所示。

表 5-3 三种典型复垦土壤的改良措施

复垦土壤	缺陷	改良措施
粉煤灰	缺少有机质和 N 肥，田间保水性能差，吸热性强，散热快，pH 值高	秸秆还田，绿肥轮作；有机肥与氮肥配合使用，改冲灌为喷灌，常浇灌，行间铺设秸秆，施酸性肥
泥浆	黏粒多，渗透性差，有机质含量低	秸秆还田，粉煤灰改良；增施腐殖酸类肥料
风化后矸石	有效水含量低，吸热快，散热快，营养元素含量少	常浇灌，保苗，行间铺设秸秆，增施 N、P 肥及腐殖酸类肥料

合理利用不稳定和重复塌陷土地，最大限度地减少塌陷造成的损失。短期积水不稳定的塌陷地，可栽植耐湿林木，种植蔬菜或牧草。

对 3 年后即将发生重复塌陷的土地,依据现有条件妥善利用。临近水源，有引水灌溉条件的，种植蔬菜。无灌溉条件的，种植耐旱作物。

凡 5 年后即将发生再次塌陷的土地，不动大量土方，不搞大型工程，因势利导，稍加平整，就势利用。在平坦地区，排灌结合，以排为主，多种粮油作物，适当安排季节性蔬菜地。

对于 10 年后再发生塌陷的土地，由于塌陷前的这段时间较长，要充分考虑对土地的利用，通过采取适当的工程措施，平整土地，熟土还原，疏通排水沟，增加管道引水，实行喷灌，合理施肥，种植粮油、蔬菜等作物。

5.3.4.5 利用矸石充填塌陷区存在的问题

通过对煤矸石系统取样和统计分析发现，矸石主要由砂岩、砂质泥岩与粉砂岩、泥岩、炭质泥岩、石灰岩组成，另外还夹有少量煤块；煤矸石的矿物组成主要是高岭石和石英，次要矿物是伊利石、方解石。通过分析发现煤矸石的成分较复杂，构成元素达数十种之多，主要包括 Si、Al、Fe、Ca、Mg、K、Na、S 等，且大多数以硅铝酸盐的形式存在，S 含量较低，全硫<1%，发热量较高，灰熔点较低。

由于矸石的成分复杂，近几年来，相关学者就矸石对土壤及其地下水的影响进行了一些研究工作，结果表明：

(1)对矸石附近土壤中的重金属含量有一定的影响。如通过对焦作朱村煤矿、中马村煤矿矸石山附近土壤性质的研究，个别重金属如 Zn 等达到轻度污染程度。

(2)对矸石附近的地下水有一定的影响。如通过对平煤十二矿矸石山对地下水影响的试验研究，浸泡矸石后的水 pH 值为 9 左右，呈弱碱性，不符合地下水质量标准和生活饮用水标准。

因此；矸石充填塌陷区时应采取一定的措施避免对周围环境产生进一步的污染。

5.3.4.6 利用粉煤灰充填塌陷区应注意的问题

在我国已有利用粉煤灰充填塌陷区进行复垦的成功经验，如淮北矿区利用粉煤灰复垦土地 133 余 hm^2 植树造林，形成了一座令人心旷神怡的森林公园。

通过将塌陷区的表层熟土事先剥离，筑成灰场堤坝，供将来覆土之用，可形成“采煤—发电—复垦”的良性循环系统。

利用粉煤灰复垦塌陷区的技术关键，是根据地表变形预测设计抗变形的输灰管，修建储灰场，事先剥离出足够覆土用的表土或采用循环覆土方法。覆土厚度应在 40 cm 以上。控制灰尘污染周围环境，同时监测并治理过高的 pH 值。选育优良品种，检测食物产品中有害物质的含量。

覆土造田和电厂排灰相结合。用铲运车先取出塌陷区表层耕作土，运到周围筑坝，形成贮灰场，再用电厂管道水力输灰充填塌陷区到设计高度，然后将水溢出，破堤覆土造田。

5.3.5　塌陷区非充填复垦

矸石一般只能回填塌陷区总面积的 20%，还必须采用非充填方式复垦部分塌陷区，这对浅塌陷区(平均塌陷小于 2 m)治理具有明显的优越性。浅塌陷区多形成于开采煤层厚度不大的矿区，地下水位相对上升，地表积水，使农田减产或绝收，这在高潜水位地区尤为突出。

5.3.5.1　低潜水位塌陷区非充填复垦

低潜水位塌陷区是指潜水位虽相对上升，但基本上不积水或因渗漏使原水位下降的塌陷区，其主要受损特征是形成高低不平的丘陵地貌，如禹州、韩梁等矿区。在这类塌陷区中，塌陷范围不大时，略加平整即可治理。面积大时，治理模式可仿效北方丘陵山区的“围山转”绿色工程，在塌陷盆地底部挖塘蓄水或打井灌溉，使复垦后的塌陷区成为浇灌型保水、保土、农果相间的陆生生态系统。

5.3.5.2　中潜水位塌陷区非充填复垦

中潜水位塌陷区指局部积水或季节性积水，并受丰水年和干旱年影响的塌陷区。积水区域难以种植作物，也不能进行淡水养殖。我国大多数丘陵地带煤矿的塌陷区属此类型。

复垦模式是将盆地底部深挖成能蓄水养鱼的深水池塘，使其同时具有蓄洪和浇灌功能，将周围“坡子地”改建为围绕塌陷盆地的宽条带水平梯田，将塌陷前单一陆生农业改造为水陆结合型农业。

5.3.5.3　高潜水位塌陷区非充填复垦

高潜水位塌陷区常年被水淹没，这在局部地形平坦的丘陵地区煤矿和平原地区的煤矿并不乏见，如永城等矿区。这些塌陷区浅部无法进行农业种植，可采用“挖深垫浅、疏导水系”等综合治理方法，因势利导，变水害为水利。可仿效江南水乡基塘模式，将塌陷区复垦为鱼米之乡，努力发展高产值、高效益农业。也可将常年积水的塌陷区辟为水上公园。所谓“挖深垫浅”，就是根据塌陷后的地形地貌，按照实际勘测制定的治理规划，将较深的塌陷区再挖深，使其适合于深部养鱼，浅部栽藕，植菱角、芦苇或进行其他淡水养殖，用挖出的泥土将浅部垫高，使其成为旱田。挖深垫浅工程示意见图 5-1。治理工艺如下：

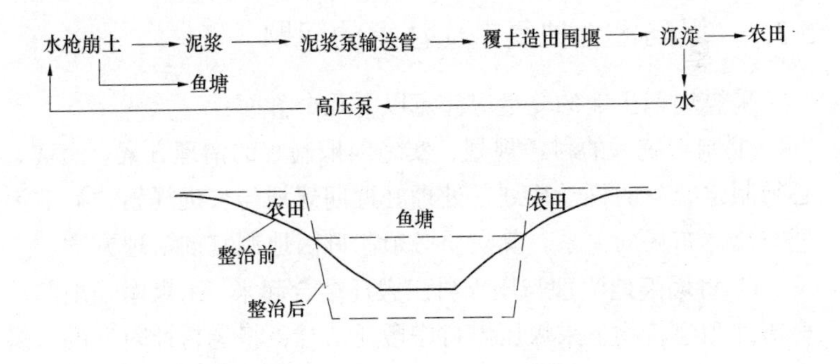

图 5-1　挖深垫浅工程示意图

5.3.6　微生物复垦

微生物复垦的工艺如下：

(1)平整煤矸石、露天矿剥离物等固体废弃物复垦场区；

(2)疏松表层，施加煤泥、城市生活垃圾、谷物秸秆、锯末、含生物元素的工艺废料等有机物质；

(3)播洒微生物活化药剂和微生物与有机物混合制剂等有机物质；

(4)翻料并播种一年或多年生豆科—禾木科混合草。

微生物活化药剂能提高混合土的生物活性，从而提高煤矸石的生物性及有益微生物的数量。这些微生物能促进土层发挥其潜在肥力，并使有机物和营养元素以植物生长可接受的形态在土中积累。经一个植物生长周期，就会迅速形成熟化土壤。由于参加熟化土壤形成的微生物数量不断增加,在微生物代谢作用影响下，矸石的农业化学性质不断改进，酸性废弃物的 pH 值不断提高，游离磷钾和腐殖质不断增加，形成土壤的肥力。

我国应用生物技术进行复垦工作还处于起步阶段，应主要解决矸石山的复垦绿化、复垦土壤的改良和提高矿区水域的生产力。

5.3.7 塌陷区土地复垦应注意的问题

采煤塌陷土地的复垦应注意以下几个方面：

(1)制定统一的科学规划，实施因地制宜的治理方案。首先，必须制定统一的科学规划，处理好近期规划与长远规划、局部治理与总体布局的关系。其次，必须制订因地制宜的治理方案。

(2)将塌陷地治理与压煤村庄搬迁结合起来。采煤塌陷地的综合治理和建筑物下采煤压煤村庄搬迁结合，将老村址附近的采煤塌陷地用矿井排放的煤矸石回填夯实，作为村庄搬迁新址，做到就近搬迁，避免搬到井田以外、搬迁距离远给农民带来的不便。实行“赔偿加复垦”的土地使用制度。对于煤矿在生产过程中破坏的但能够复垦的新塌陷地，企业可不征地，而是采取“赔偿加复垦”的土地使用制度,根据占用年限(从破坏开始到复垦好为止)由企业逐年付给赔偿费，单位土地的年赔偿标准是：绝产地为相邻同类型土地的年净收益，非绝产地为相邻同类型土地的年净收益减去破坏土地本身的实际净收益。另外，企业在支付赔偿费的同时负责复垦，支付土地复垦费，单位土地的复垦费标准按复垦工程量进行计算。土地复垦工程的实施，由土地塌陷地区的农民进行，这样一是使暂时失去土地的农民有事可做，二是农民自己复垦，能保证复垦土地的质量，便于土地交接。

(3)多方筹集塌陷治理资金和成立综合治理领导机构。塌陷土地的治理资金数额很大，必须多渠道进行筹集。一是企业缴纳的土地复垦费、征用土地的造地费等应全部用于塌陷地的复垦治理；二是国家收取的土地使用权出让金应部分用于塌陷地的复垦治理；三是调动集体和农民的积极性，将征地的土地补偿费集中起来，用于本区域塌陷地治理；四是鼓励社会企事业单位和个人投资，实行“谁复垦谁受益”的原则。此外，在矿区可由政府和企业共同成立采煤塌陷地综合治理领导机构，负责塌陷地复垦治理的全面工作，从而实现复垦认识的统一和组织领导上的集中，便于复垦系统工作开展。

(4)建立高效的物质能量良性循环系统。塌陷地生态农业复垦是矿区采煤塌陷地通过工程改造，将经济结构、生态结构和技术结构有机结合在一起而组成的经济生态系统。生态效益好，意味着物质能量的效率高。实践证明，生态效益好必然带来经济的持续高效益；反之，即使有眼前的经济效益也是不能持续的。因此，塌陷地改造应努力实现生态效益与经济效益的相互促进、同步增长。

目前，在塌陷地复垦设计中应用的物质能量循环模式实例有：

(1)牛→鸡→猪→沼气池→鱼→粮果模式，它以沼气为中间环节，连接两侧营养单元。

(2)鸡→猪→加工斗→沼气→渔业→粮业复垦结构模式。它是以粮食生产为中心的生物链结构，其环式流程为：种植业加工形成农产品，饲料喂鸡、喂牛，鸡粪养猪(发酵、膨化)，牛粪制成沼液养鱼，沼渣和塘泥种粮。

由于矿区的具体情况不同，矿区生态农业的模式各有不同，但一般是物质从种植业、养殖业、加工业到产品输出这个物流和能流的循环。

5.3.8 土地复垦法实例

5.3.8.1 充填复垦

目前以固体废物充填法为主，即对煤矿及电厂的固体废弃物矸石和灰渣，为避免其多占土地和污染环境，将其应用在已塌陷地的复垦上。具体办法是：将塌陷地上层1 m左右的表土取走，用矸石或灰渣充填后，把表土覆盖在上面。对于含有有毒、有害物质的矸石，在复垦时应作隔离处理，即在充填矸石塌陷坑中预先铺设黏土防水层，防止矸石中的有毒、有害物质外流污染地下水源和周围环境。在塌陷区未形成之前或尚未稳定时可将固体废弃物直接排放到塌陷区进行复垦。具体为：在采空区上方预计要发生下沉的区域，将表土取出堆放在四周，按预计的下沉深度和范围，用固体废物充填到预计水平后，将堆放在四周的表土覆盖在矸石层的上面覆土成田。这样，既解决了固体废物的污染，也避免了其多占土地，又多复垦了土地，从而改造了生态环境。

以焦作矿区为例，容量为120万kW的焦作电厂靠近朱村矿和焦西矿塌陷区，焦作铝厂自备的25万kW电厂靠近演马矿塌陷区。电厂可将每天排出的约占其燃煤量 20%的粉煤灰直接排向塌陷区进行充填，既可节约修建储灰场的巨额投资，又不污染环境。

5.3.8.2 非充填复垦

目前以就地平整法、疏排法、直接利用法、建筑复垦法等为主。

1. 就地平整法

对于土层较厚，不发生渗漏，且在10～20年不再度塌陷的土地，进行挖低垫高，分割规整，修造台地。在平顶山市的辛南有30 km^{2}塌陷地，常年积水的有26 km^2，最大下沉2.2 m，最深水位1.8 m，20世纪90年代以来共建鱼塘16个；在申楼建成食物链型的生态养殖厂，利用台地进行种植、渔业和家禽养殖。在十二矿南塌陷区建成高效农业生态示范区，利用水陆交换互补的物质循环原理，通过农(蔬菜、花卉、果树)—渔(各种淡水鱼类)—禽(鸡、鸭、鹅、鸳鸯鸭)—畜食物链类型实现生态型发展。焦作矿区塌陷土地绝大部分为不积水的干旱土地，其主要特征是塌陷形成高低不平的丘陵地貌。为此，只能随坡就势改造塌陷土地。对于坡度小于 2°的坡地，稍加修整后即可进行耕种；对于坡度在2°～6°的坡地，修整为水平梯田。

2. 疏排法

对于不积水而起伏不平的塌陷地,或积水塌陷区的边坡地带，这些地块保墒、保水、保肥效果差，又不便耕种，可以通过就地平整法进行挖补平整，保证整个塌陷区海拔标高基本一致，平整后的土地标高要高于洪水位标高，以适合耕种，利于植物生长。以平顶山地区为例，对于近期还要塌陷的或还未稳定的区域，进行开沟挖渠疏水种植。七矿南温集和高庄利用塌陷区与河道高差7 m，进行挖渠排水，还田 46.7 km^2，保护耕地 30 km^2，同时也减轻了井下的排水量。

3. 直接利用法

对于厚煤层开采、地表塌陷量大、地表大面积积水、积水太深的塌陷地，如采取充填法复垦存在很大困难，一是充填材料缺乏，二是复垦费用高，复垦的意义不大。对于这些没有复垦价值的地块，采取直接利用法，如发展网箱养鱼、围栏养鱼、蓄洪作灌溉水源，或者在水体周围镶边，构筑水上设施，建设水上乐园等。以平顶山地区为例，在近居民区的积水地可因地制宜建造人工景点，东工人镇有总面积 15 km^2 的常年积水塌陷区，几年来共投资 120 万元，规划建造了亭台、雕像、步行桥等景点，并植树种花，已初步建成了东湖公园。该公园目前已成为平顶山市区东部的一个风景区。借鉴东湖公园经验，平顶山市政府正规划利用七矿南塌陷区建设平西湖公园。

4. 建筑复垦法

将复垦后的土地用于建筑用地。恢复为建筑用地与恢复为耕地的要求不同，建筑用地要求标高和压实度高，但对土壤的理化特性要求低，不需要顾及表土层，可以直接挖垫或用外来材料充填，施工工序少、成本低。对于复垦作为建筑用地的矸石复垦地，应根据建筑的要求进行矸石地基处理。以平顶山地区为例，因地制宜综合利用塌陷地的做法主要有：对无积水塌陷地可根据稳定年限及稳定程度进行不同的工程改造，使得能在相对稳定阶段发挥土地功能。在已稳定的塌陷地，经科学勘测、论证、设计，可用做基建用地。如平煤二矿在 22.3 km^2 采煤塌陷区，规划建造了 64 栋家属楼及 1 400 m^2 的公用绿地，现大部分已完工。在十二矿塌陷地内建成了胶管厂，年产值达到 3 000 多万元，使土地充分发挥其经济功能和社会环境功能。

5.3.8.3 微生物复垦

微生物复垦是国内外研究的热点，当前主要以现场试验为主，尚未大规模地投入使用，主要是利用菌肥或微生物活化剂改善土壤和作物的生长营养条件，能迅速熟化土壤，固定空气中的氮素，参与养分的转化，促进作物对营养的吸收，分泌激素刺激作物的根系发育，抑制有害生物的活动，提高植物的抗逆性。菌肥主要用来改良土壤，微生物活化剂主要用来使由煤矸石、露天剥离物等固体废弃物充填的土层快速形成耕质土壤。以焦作矿区为例，根据该矿区的自然地理和气候特点，可使用根瘤菌肥料对复垦地土壤进行改良，例如大豆、花生、紫云英等根瘤菌剂，将其施入工程复垦地后，遇到相应的豆科植物，即侵入根内，形成根瘤，根瘤菌能固定空气中的氮素，并转变为植物可利用的氮素化合物，提高土壤的养分含量。焦作中马村矿对采用推土机复垦农田和用粉煤灰充填复垦的农田进行研究，通过对比生物复垦措施(主要是以种植绿肥作物为主，合理使用化肥，因地制宜地使用沤制的有机肥)前后土壤的理化特性、养分含量以及种植的作物产量进行分析，试验结果见表5-4。

表5-4　焦作矿区中马村矿工程复垦地土壤改良试验分析结果

土壤特性	普通农田	推土机复垦农田		粉煤灰复垦农田	
		当年	一年后	当年	一年后
土壤容重(g/cm^3)	1.16	1.72	1.48	1.37	1.24
土壤孔隙度(%)	56.2	35.1	44.5	54.2	55.9
土壤pH值	7.26	7.42	7.39	8.29	7.31
有机质含量(%)	1.9	0.77	1.28	0.57	1.06
全氮(%)	0.107	0.059	0.086	0.094	0.102
全磷(%)	0.167	0.107	0.124	0.141	0.152
速效氮($\times 10^{-6}$)	87	25	48	35	56
速效磷($\times 10^{-6}$)	14.1	2	5.2	4.6	6.3
速效钾($\times 10^{-6}$)	112.5	120	118.6	136.2	128.5

由表5-4可看出，新复垦的土壤有机质、全氮、全磷含量较低，由于施工压实的原因，土壤的容重也比较大，理化特性较差，粉煤灰复垦农田的土壤pH值也偏高，复垦一年后，经过种植绿肥，施加有机肥、农家肥和化肥等生物措施，复垦地的有机质、全氮、速效氮、速效磷等养分含量逐步提高，土壤的容重也降低了，孔隙度也增加了，土层变得疏松，土壤的通气性、保水保肥能力大大提高，土地的耕作层迅速熟化。以粉煤灰复垦农田的土壤为例，施加少量石膏后，土壤pH值大大降低，由8.29降至7.31，

基本接近普通农田，施加有机肥和种植绿肥后，有机质由 0.57 升至 1.06，土壤中其他养分含量也大大增加，土壤板结得到较大的改善。这说明了工程复垦地土壤经过生物复垦措施后，土壤的理化特性得到改善，土壤的养分状况得到了改善，土壤的肥力大大提高，逐步接近普通农田的水平。

5.4 注浆充填

注浆法是指用钻孔采用一定的压力，把水泥—黏土或粉煤灰混合料浆液灌入地下采空区的垮落带和冒落带中，浆液以充填、渗透等方式，将松散的岩块或裂隙胶结成一个结构稳定、强度大的“结石体”整体或条带式、墩台式结石体，从而保证采空区上方覆岩的稳定性。

根据注浆浆液的充填方式，注浆法可分为全充填注浆法、条带式注浆法和墩台式充填注浆(或混凝土)法。

5.4.1 注浆法总体设计

注浆设计前应详细收集已有的采空区采矿、地质、工程地质等资料，主要包括大比例尺(1/500 ~ 1/2 000)工程平面图、断面图以及采空区平面和剖面分布、构造、岩层产状和含水层埋深等资料。结合所要保护工程的特征，进行注浆工程设计。

采空区注浆设计主要根据采空区的形成时间、埋深、采空厚度、采煤方法、顶板(或覆岩)岩性及其力学性质、水文地质及工程地质特征等条件进行。由于采空区覆岩性质和厚度，垮落带和断裂带岩石(覆岩)的空隙、裂缝(隙)的发育程度、方向及充填程度以及空隙、裂隙之间在各个方向的连通性和透水性等都是非均一的，因此应针对这些特征的不同，设计注浆孔和帷幕孔的位置、结构、成孔工艺、注浆工艺等。

在不同的煤田、井田或矿区，上述特征也不相同，甚至在同一井田的不同地段也是不相同的。因此，注浆钻孔的孔位(孔距、排距)、结构、注浆工艺、成孔工艺等在不同井田或矿区也是不同的，它们应通过现场试验确定。在施工前应选择一定的区域作为试验区，宜按所设计注浆孔和帷幕孔总数的 5%～10%进行现场注浆试验，试验内容包括注浆材料的配比、成孔工艺、注浆工艺、注浆设备和机具等。在对试验结果进行分析和总结的基础上，进一步优化和完善设计。

注浆施工结束后，一般情况下，受注部位的注浆压力有一段的释放时间，在此段时间中地表变形量相对较大，因此通过公路采空区治理的多年实际经验，路堤或构造物施工时间应在注浆施工结束 3 个月以后再开始填(挖)筑路基。

5.4.2　全充填注浆法

5.4.2.1　注浆钻孔

注浆钻孔包括注浆孔和帷幕孔两种。

注浆孔是指在地面通过钻机，向地下采空区钻进成一个孔，保证注浆浆液能够通过此孔到达采空区及塌陷冒落带中，从而满足充填加固采空区的要求。

帷幕孔是指在采空区治理边缘处，通过地面的钻机，向地下采空区(空洞)钻进成一个孔，保证帷幕浆液通过该通道到达采空区，形成防止注浆浆液从注浆区流失的帷幕。

1. 钻孔布设

注浆孔宜采用均匀布孔方法，对于非层状矿产形成的采空区，根据地下采矿范围及其空间位置可采用非均匀布孔方法。

均匀布孔的原则是：沿所要保护的工程如公路、铁路等的轴向安排布设，排距与采空区工程地质条件、煤矿开采情况有关，每排注浆孔之间的孔距也与采空区工程地质条件、煤矿开采情况有关。一般情况下，平面上注浆孔的布设宜采用“梅花形”或近似“梅花形”。注浆孔的排距和每排上的孔距宜通过现场试验确定。当无法进行试验时，宜根据采煤方法、覆岩地层结构及岩性、煤层采出率、顶板管理方法、跨落带和断裂带的空隙与裂隙之间的连通性，并参照经验值设计。若煤层采出率大、顶板坚硬、跨落带和断裂带的岩石空隙与裂隙间连通性好，排距和孔距可取大值，反之则取小值。当采空冒裂带吸浆量大时，取大值，否则取小值。当采空区位于一般路段时，可取大值，反之则取小值。

非均匀布孔的原则是：沿主要开采巷道安排布设，排距与每排注浆孔之间的孔距宜通过现场试验确定，平面上注浆孔的布设宜采用“梅花形”或近似“梅花形”。当无法进行试验时，可参照经验值设计。

2. 钻孔结构及技术要求

1) 钻孔孔深

为了向破坏的底板(底鼓)岩石裂隙中注浆，应提高采空区覆岩的承载力。同时，在钻孔钻进时考虑孔内岩粉沉淀问题。注浆孔或帷幕孔应钻至采空区(或煤层)底板以下不小于 3 m 处。

2) 钻孔孔径与变径

10多年采空区注浆的实践表明，钻孔开孔孔径宜控制在 130 ~ 150 mm。当钻孔开孔孔径大于这个控制范围时，就会造成工程费用的明显增加；当钻孔开孔孔径小于这个控制范围时，无法保证注浆施工的质量。钻孔在孔内经一次或二次变径后，终孔孔径不应小于 91 mm；否则，无法保证注浆施工的质量。变径深度(即止浆位置)应进入完整基岩 8 ~ 10 m 处。如未进入完整基岩，即处在风化裂隙发育的岩石中，注浆时有大量的浆液进入并沿风化裂隙串入松散层以至冒出地面。这不仅造成浆液的流失，而且直接影响了注浆孔的工程质量。当基岩顶面附近的岩层风化程度较强，岩石比较破碎时，变径的深度视采空区的特征应适当加深。

5.4.2.2 注浆工艺

1. 浆液类型

采空区治理宜采用水泥粉煤灰浆液。如果当地无粉煤灰材料，可考虑采用水泥黏土浆液。当采空区上工程对路基的稳定性要求较高时，应选用水泥浆。例如，对于一级公路，浆液结石体的无侧限抗压强度不应小于 0.2 MPa；对于高速公路、桥梁、涵洞等构造物，浆液结石体的无侧限抗压强度不应小于 0.3 MPa。对于建筑物地基，则根据地基承载能力、采空区的埋深等因素确定浆液的无侧限抗压强度。水泥在固相中的比例，应依据对浆液结石体强度的要求，通过室内或试验段的试验结果确定。

2. 注浆量

注浆量可按下式计算

$$Q_{总}=A\cdot S\cdot m\cdot K\cdot \Delta V\cdot \eta/C$$

式中 $Q_{总}$——采空区总注浆量，m^3。

S——采空区治理面积，其值为采空区治理长度与采空区治理宽度之积，m^2，当采空区治理宽度不一致时，可采用平均值。

m——采空区煤层厚度，m。

ΔV——采空区剩余空隙率，即煤层被采出后，原空间经塌陷冒落岩块充填后剩余的空隙，其取值为 0.2～1。该值可通过三种方式确定：①矿山已有的塌陷及采空区观测资料，即先计算采空区上方地面的最大塌陷量，通过已有的观测资料确定已完成的塌陷量，然后用两者的差值与地面的最大塌陷量之比来估算；②勘察过程中勘察孔内空洞和裂隙的资料，即通过孔内空洞和裂隙发育的平均高度与矿层开采厚度之比来估算；③该地区已有的工程资料。一般情况下闭矿时间在 5 年之内，取值为 0.3～1；闭矿时间在 5 年之上，取值为 0.2 ~ 0.3。当采空区的顶板和覆岩为较坚硬的岩石时，取值宜稍大。

K—— 煤层采出率，一般通过矿山实际情况调查确定。

A—— 浆液损耗系数，取值为 1.0 ~ 1.5。

η—— 注浆充填系数，取值为 0.75 ~ 0.95。该值宜根据工程的性质确定，对于一般建筑物下的采空区，取值为 0.75 ~ 0.85；对于重要构筑物范围的采空区，取值为 0.85 ~ 0.95。

C—— 浆液结石率，取值为 0.7 ~ 0.95，一般经试验确定。

3. *注浆方法*

治理煤层采空区，宜采用自上而下(简称下行式)的分段注浆法。该方法简单易行，而且工程质量好，其缺点是工期长。上行式分段注浆法宜用止浆塞止浆，此法要求止浆塞下置在裂隙不发育的完整基岩内。由于多煤层的采空冒裂带岩石破碎，其空隙、裂隙十分发育，孔内基本没有完整基岩存在，故此法不宜用，可采用孔口封闭一次性注浆。

5.4.3 条带式注浆法

在采空区注浆治理方案选择中，多年来，有许多工程设计人员和研究学者基于煤炭系统的“建筑物下、水下、铁路下”的采煤方法——条带式开采方法提出了条带式注浆方法。其核心内容是：一般情况下，在某些特定情况下，例如建筑物十分密集、水下、铁路下等，往往难以对其采取抗采动加固措施，只得采用这种以开采保护措施为主的方法。条带开采实质上就是将开采块段划分成较规整的条带形状，采一条、留一条，使留下的条带煤柱能够承受上覆岩层的载荷，从而减少覆岩塌陷，控制地表产生较小移动与变形的一种特殊的局部开采方法。它具有以下的特点：

(1)地表不呈现明显的波浪形状，而为单一平缓的下沉盆地。

(2)地表的最大下沉值主要取决于煤柱的压缩和向顶底板的压入。

(3)保留煤柱总面积和条带开采范围总面积之比一般大于 1/3。

(4)覆岩破坏特征与长壁式开采明显不同。冒落条带法采出条带上方形成拱形冒落(或根本不冒落)，因而形成以煤柱为支座的连续岩梁，冒落拱上方为裂隙带。

条带式注浆是将采空区按条带式开采方法的原理，分成较规整的条带形状，在这个条带区中，一条采空区注浆、一条采空区保留不注浆，使注浆后的区域起到条带煤柱的作用，能够承受上覆岩层的载荷，从而减少覆岩塌陷，控制地表产生较小移动与变形的一种特殊的注浆方法。

我国自 1967 年以来，在抚顺、阜新、南桐、蛟河、鹤壁等矿区成功地在煤矿企业本身的工业及民用建筑、城镇建筑、铁路隧道下进行了条带开采试验。该方法的优点是节省注浆材料，节约工程造价，降低工程投资；缺点是质量检测工作无法进行，工程质量难以保证，从而影响了该技术在我国的推广应用。

5.4.4　墩台式充填注浆(或混凝土)法

墩台式充填注浆(或混凝土)法是在采空区内注入水泥浆、砂浆或混凝土，在注浆孔周围形成墩台式支撑锥体，该锥体提供直接支撑，增加煤柱和顶板的剩余强度，减少空顶面积，以控制顶板和覆岩的进一步冒落以及地表的残余移动和变形，以保证采空区上方公路的安全。该方法主要适用于顶板为极坚硬岩石，其无侧限抗压强度为 80～120 MPa，且回采率＞60%，到治理前尚未完全塌陷的采空区。

该方法仅应用在山西大同 109 煤矿采空区治理工程中。该煤层采空区的顶板为极坚硬的砾岩、细砂岩，其无侧限抗压强度为 80～120 MPa，矿层采出面积较大，设计人员就放顶充填法、投骨料灌浆法、水砂充填法、全充填灌浆法、墩台式充填注浆法等治理方案进行了多方面的论证和经济技术比较后认为：墩台式充填注浆法相对来说比较符合该采空区地质采矿与工程地质特征。其原理是在地表打孔，到达采空区底板，再用混凝土泵送一定量的混凝土进入采空区，使混凝土自然堆积成墩台，起到支撑上部岩体的作用，防止岩体变形坍落。由于该采空区上覆岩层为坚硬岩石，开采面积较大，这种方法不仅能阻止采空区覆岩的进一步冒落塌陷，而且能节省工程造价。

5.4.5 实例

截至目前，河南省在焦晋高速公路、郑少高速公路和登禹高速公路等煤矿采空区治理工程中采用了注浆法，在建筑物下部分地区也采用了该方法。以焦晋高速公路采空区治理工程为例，其主要内容如下。

5.4.5.1 工程设计概况

焦晋高速公路采空区位于拟建公路 K8+000 ~ K15+500 段，河南省焦作市中站区刘庄—朱村一带。

该区地貌北高南低，大致分为两部分：K8+000 ~ K10+271 段地面高程为 210 ~ 260 m，沟谷纵横，地势高差明显，为重丘区；K10+271 ~ K15+500 段地面高程为 260 ~ 280 m，地面平坦，为平原微丘区。采空区地层自上而下为：第四系松散沉积物，一般厚度为 11.0 ~ 24.70 m；二叠系山西组(P_{1s})：以细砂岩、中砂岩、粉砂岩、砂质泥岩夹煤为主，含 $1^{\#}$煤层(二$_1$)，厚 6 m，该组厚度 70 ~ 120 m；石炭系太原组(C_{3t})：以灰岩、泥岩、砂岩等为主，含 $2^{\#}$煤层(二$_5$)，煤层厚度 1.3 m，该组厚度 50 ~ 70 m；石炭系本溪组(C_{2b})：以灰岩夹砂质泥岩、泥岩为主，底部含铝土矿和硫铁矿层，该组底部铝土矿层厚 1 ~ 2 m，硫铁矿层厚 1 ~ 3 m，呈透镜状、鸡窝状分布，局部可采，本组厚度 50 ~ 70 m。该区内存在 4 条大断层，煤层开采范围和埋深明显受其影响，岩层总体走向北东，倾向南东，倾角为 5°～10°，个别区域因受构造影响，地层倾角变陡。区内无地表水，采空区内为充水–半充水状态。

该路段采空区是由 2 个国营大型煤矿 20 世纪 50 年代至 80 年代开采后，前后 70 年代至 90 年代先后有 7 个小煤矿又重复开采大矿所剩的残煤形成的，开采方式多为走向长壁式和巷道式。经分析，2#煤层采空区变形量较小，不考虑治理，1#煤层采空区及硫铁矿采空区尚未完全塌陷垮落，因此仅考虑治理 1#煤层采空区和硫铁矿采空区，其采空区特征见表 5-5。经综合分析评价及计算，该路段 4 个采空区对拟建公路将会产生危害，因此设计用充填注浆法进行治理。

表 5-5　焦晋高速公路采空塌陷区特征一览表

序号	位置	轴线长度 (m)	矿层	矿层厚度 (m)	埋深 (m)	治理宽度 (m)	空洞体积 (m^3)
1	K8+875～K9+000	125	硫铁矿	1～3	75～80	80	1 722
2	K11+426～K11+670	244	1#煤层	2～5	90～110	100	5 124
3	K11+924～K13+735	1 811	1#煤层	6	70～250	100	84 462
4	K14+700～K15+270	570	1#煤层	6	125～140	100	35 910
合计		2 750					127 218

采空区治理长度为采空塌陷区沿路线延伸方向分布的长度；采空区治理宽度应按路基范围内边界向两侧 67°的覆岩应力扩散角来考虑，但在专家论证会上，多数专家认为采空区塌陷垮落后，其剩余塌陷量影响的范围有限，故在横向上最大治理宽度取 100 m。采空区治理深度为 1#煤层采空区底板。采空区空隙体积为治理采空区范围内的矿层体积乘以采取率，并扣除采空区因顶板垮落已经引起的变形。其中，硫铁矿采取率为 35%，剩余空隙率为 20%；

1#煤层采取率为 70%，2 号和 3 号采空区剩余空隙率为 10%，4 号采空区剩余空隙率为 15%，采空区空隙体积总计 127 218 m^3。所注浆液的结石率为 80%，灌注浆液在采空区及垮落带中的充填率为 75%，最终注浆体积为 $127\ 218 \times 75\% \div 80\% = 119\ 267(m^3)$。

注浆孔按均匀布孔方式布设，沿公路轴线方向排距 20 m，每排在路基范围内孔距 15 m，路基范围以外至治理边界孔距为 20 m，边缘帷幕孔孔距 15 m，注浆孔平面上呈“梅花形”布设。检查孔数量为注浆总数的 2%，其设计深度为原地面至各采空区矿层底板深度。

注浆材料为水、水泥、粉煤灰、速凝剂等。其中：水泥为 M32.5 矿渣水泥，由于 1 区为硫铁矿采空区，故采用 M32.5 抗硫酸盐水泥。注浆浆液为水泥粉煤灰浆，水灰比 1∶1～1∶1.5(0.67∶1)，水泥占固相的 25%。

止浆方法：采用法兰盘简易封孔止浆装置。

钻进及成孔工艺：注浆孔开孔直径为 130 mm，钻至基岩 5 m 后，下入 130 mm 套管护壁，或跟管钻进，变径为 91 mm 钻至采空区中的垮落带或煤层底板以下 0.3 m 终孔。帷幕孔开孔直径为 150 mm，钻至基岩 5 m 后，下入 150 mm 套管护壁，或跟管钻进，变径为 130 mm 钻至采空区中的垮落带或煤层底板以下 0.3 m 终孔。下套管后的基岩一律用清水钻进。每个注浆钻孔至少测孔斜一次，终孔孔斜要求不超过 2°。全取芯孔为注浆钻孔的 20%，采空区上部覆岩部位岩芯采取率大于 60%，而采空塌陷区岩芯采取率不小于 30%。

注浆工艺：注浆钻孔采用孔口封闭一次灌注施工方式。

(1)注浆段长度为变径后至 1#煤层或硫铁矿采空区底板 0.3 m 的那段长度。

(2)注浆前注水冲洗钻孔，将受注段岩石裂缝、裂隙中的充填物带走，使浆液扩散范围加大。

(3)浆液一般是先稀后稠，再逐渐变浓。

(4)注浆孔一般采用连续注浆和间歇注浆相结合的方法；帷幕孔采用间歇注浆法注浆，但当吃浆量很小或采空区裂隙、空隙不发育时，也可采用连续注浆法注浆。帷幕孔采用单孔定量注浆法方式，其单孔注浆量可按 $Q=\pi R^2 h\beta$ 计算。式中，Q 为单孔注浆量；R 为扩散半径，取孔距的一半，为 7.5 m；h 为采厚；β 为浆液的充填系数，取 10%～15%。施工过程中的损耗量为 10%，则 1 区、2 区、3 区、4 区帷幕孔单孔注浆量分别为 39 m^3、68 m^3、117 m^3、175 m^3。

(5)当注浆量大或采空区裂隙、空隙较大时，帷幕孔采用间歇注浆法注浆，或在孔口加一漏斗状的投砂器，用浆液将砂或矿渣带入孔内。有时可在浆液中加入少量速凝剂(1%～2%的水玻璃)，或对地下采空区空隙较大的帷幕孔采用强度等级为 M1.5 的水泥粉煤灰砂浆灌注。

(6)单孔注浆结束标准：在注浆孔的灌浆末期，泵压逐渐升高，当泵量小于 70 L/min，孔口管压力在 1.0 MPa 时，稳定 10～15 min，或灌浆孔周围有冒浆等现象出现时，可结束该孔的灌浆施工。

井下治理工程：该路段 4 号采空区与朱村一矿、朱村二矿现采区相连，因此需进行井下治理工程设计，主要包括：

(1)巷道干砌。对于新掘的两条巷边，在尚未塌陷的巷道，用片石干砌，施工顺序由巷道内至巷边外。干砌时，片石应分段分层干砌，排列紧密。

(2)阻浆墙。巷边干砌后，在主要巷边中各设两道阻浆墙。墙的截面积为梯形，嵌入四周围岩 0.5 m，其规格为上底宽 2.5 m，下底宽 3 m，高 5.0 m，厚 2.0 m，采用 M10 砂浆片石砌筑。

(3)依据该矿采空区水文地质条件、地面注浆工程的特点，在该矿井下布设 3 个临时水仓，有效截面面积 2 m×2 m，长度大于 50 m，采用坑木临时支护，其有效储存水量应大于 200 m^3。临时水仓底部的标高应低于水仓与巷边相连处，且宜因地制宜，在施工时向下有一定的角度。在主巷边靠近治理区一侧开挖小的截水沟，保证将注浆时渗出的水排入临时水仓中。排水系统分二级使用，设备主要包括 6 寸泵、配套电机、6 寸排水管等。注浆水最终排出地表。

(4)该采空区地表裂隙发育，对 10 cm 以上的裂隙，采用开挖回填方法处理，开挖宽度和长度宜按地面裂缝实际宽度和长度向两侧各加 1 m 来考虑，开挖的深度宜大于 1 m，开挖后宜采用灰土(2∶8)分层整实，压实系数应大于 90%。

整个治理工程治理长度为 2 750 m，注浆孔和帷幕孔总数 912 个，钻探总长度 107 960 m。注浆量 119 267 m^3。其中检查孔 18 个，钻探总长度 2 107 m，波速测试 18 个孔内 300 点，高密度电法 180 点，瞬变电磁法 55 点。施工工期预计 6 个月(不含质量检测工作)。

5.4.5.2　施工概况

焦晋高速公路煤矿采空区治理工程自 1999 年 11 月下旬正式开工至 2000 年 8 月全部结束。其中 1 号(A 合同区)硫铁矿采空区与 2 号、3 号(B 合同区)煤矿采空区于 1999 年 11 月下旬正式开工至 2000 年 4 月底结束；4 号(C 合同区)煤矿采空区于 2000 年 3 月正式开工至 2000 年 8 月结束。整个采空区治理工程如期完成。

注浆过程中的钻探工程采用回转式钻机。在 1 号(A 合同区)、2 号和 3 号(B 合同区)、4 号(C 合同区)采空区分别建立 7 个浆站，注浆浆液配制采用二级自制搅拌池系统，搅拌时间不少于 10 min，每一级自制搅拌池的容量大于 2 m^3。水、水泥、粉煤灰等注浆材料及注浆浆液的水灰比符合设计要求。

5.4.5.3　治理工程质量评述

该工程的设计较为合理，符合客观实际，在采空区注浆施工过程中，对注浆钻孔的止浆方法、注浆参数及其结束标准、注浆量、注浆工艺、质量检测方法、注浆的施工工艺、浆液的配合比及注浆浆液的类型等设计内容进行优化与完善。因而，采空区注浆工程的质量是可靠的。

5.5 非注浆方法

5.5.1 干砌方法

干砌方法是在采矿后形成的空洞内，用灰岩或砂岩等片石人工回填砌筑，砌体与洞顶板紧密接触，使堆砌物起到支撑顶板的作用，从而保证采空区上方覆岩的稳定性。该方法主要适用于矿层开采后未完全塌落、空间较大的采空区，且应具备采空区(空洞)内通风良好，宜于人工作业、材料运输等施工条件。

5.5.2 浆砌方法

浆砌方法同样是在采矿形成的空洞内，用灰岩或砂岩等片石或料石人工回填，砂浆砌筑，直至堆砌到洞顶。堆砌物具有整体性和足够的强度，并与采空区顶板紧密、充分地接触，使堆砌体起到支撑顶板、防止上覆岩层塌落、减小下沉幅度的作用。浆砌方法的适用条件与干砌方法的适用条件基本相同，其不同之处在于要求堆砌物具有较高的整体强度。该法主要用于治理公路地基较重要部位的采空塌陷区，如桥台、涵洞等地段，以保证桥台、涵洞等地段的长期安全、稳定。

5.5.3 开挖回填方法

开挖回填方法是对路基下浅层或挖方地段路基边坡上的采空区先进行开挖，然后采用干砌或浆砌方式回填。该法可用于治理公路、建筑物地基浅层、高边坡地段等，以保证路基、地基、边坡地段等的长期安全、稳定。

5.6 桩基础处理采空区

5.6.1 桩基础适用的范围

对于距地表深度不超过 30 m 的采空区，如其上覆岩土体强度很低，而煤层底板又为强度较高的地质体，可考虑使用打入式预制桩或灌注式钢筋混凝土桩穿越采空区，使桩基直接坐落于坚实稳定的底板岩层上，上部拟建建筑物的载荷依靠桩基传递到采空区底板稳定岩层上，从而可避免岩土工程性质很差的采空区塌落物地基对其上部拟建建筑物的不良影响。

5.6.2 桩基础设计的基本要求

采空塌陷区内的桩基础设计与一般建筑物桩基础设计基本上是一致的，不同的是：采空塌陷区内桩基础设计时，应考虑适当选取桩侧摩擦力值，在采空塌陷区存在的情况下，该值较小或取负值。除此之外，采用一柱一桩，设柱帽，以加强桩间的整体性，提高抗剪力及承受上部载荷，在各桩间设置连梁，桩身混凝土设计强度一般为 C20，考虑到桩主要承受竖向载荷，故不考虑纵向弯曲影响。因桩周边有采空区存在，桩身为通长配筋，并适当增加配筋量。

5.6.3 桩基础的施工工艺

通过在河北、山西、陕西等地的工程实践，桩基础治理采空区的施工工艺如下。

5.6.3.1 钻机定位

采用枕木、方木将底架垫平，开钻前将钻头对准钻孔中心，钻机桅杆顶应对准钻头轴线用缆风绳对称拴牢拉紧。

5.6.3.2　钻孔

一般选择冲击钻机。合理选择钻进参数，先少量松绳，小冲程开孔。在护筒内投入黏土块和块径小于 15 cm 的片石，并注水，用钻头将黏土冲击成膏状。开孔时必须打得准、打得稳、间断冲击、少抽渣，使钻头反复冲击，将钻孔中的地层或投入的片石劈裂、破碎并挤入钻孔壁中。经反复冲击 2～4 次，挤密护筒底部周围土层，使开孔圆顺，起很好的导向作用，防止孔位偏斜。

5.6.3.3　抽渣

煤炭采空区顶板一旦被击穿，泥浆会迅速下漏达到地下水位标高并趋稳定，此时迅即向桩孔内投入片石、碎石、黏土块(按片石 70%、碎石 20%、黏土块 10%比例投放)，用钻机冲头继续冲击，将片石破碎，压入采空区巷道内。经反复地冲、填，碎石在冲击过程中被挤入片石缝隙内，与较稠的泥浆混合，隔离了采空区巷道内的积水与桩孔内的泥浆或水的对流，直至采空区巷道被完全堵塞，并形成桩孔。在此基础上继续向下冲孔、提渣，直至钻到新鲜岩层并达到设计要求为止。

5.6.3.4　清孔

采用抽渣吹风法抽换钻孔内泥浆，清除钻渣和沉淀层。尽量减少孔底钻渣的沉淀厚度，防止因桩底存留过厚沉淀物而降低桩的承载能力。

5.6.3.5　孔底钢护筒

在灌注水下混凝土时，为避免砂浆经冲填于采空区巷道内片石缝隙流失而使混凝上产生离析，从采空区顶板以上 3.0 m 处至钻孔孔底均由钢护筒防护。

5.6.3.6　灌注混凝土

清孔后，立即灌注混凝土。在灌注过程中，设专人随时测量、记录导管埋入深度和混凝土表面高度。根据量测、计算导管提升的高度，确定混凝土表面是否到达采空区顶板以上 3.0 m 处。在此段灌注混凝土时，应减缓导管提升速度，延长灌注时间。

5.7 建筑物结构保护措施

5.7.1 采动区内抗变形建筑物设计原则

5.7.1.1 采动区内抗变形建筑物对地基土的特殊要求

(1)在地表水平变形作用下计算载荷基础时，地基土的计算指标——强度指标(单位黏聚力和内摩擦力)和变形指标(变形模量)应按建筑标准的规定取值。

(2)对建筑物地基的土壤要求均匀一致，并应尽可能将建筑物建于承载能力不高的地基土壤上。如果建筑物地基为岩质土或者坚硬黏土，则基础下应设置土垫层，这一措施会降低土体的变形模量。

5.7.1.2 建筑保护措施和采矿保护措施

为了保护建筑物免受地下开采的影响，应采取建筑保护措施和采矿保护措施，或两者兼顾的综合保护措施。建筑保护措施可分为建筑平面布置措施(包括城市建设规划)和结构措施。

1. 平面布置措施

(1)为了在采动区正确布置居民区和厂矿企业，必须制定矿区发展的综合规划，使远景建设计划与矿山采掘计划结合起来，以达到在地表变形过程结束的地区或预估地表变形值最小的地带修筑建筑物的目的。

(2)城市街坊和街道网的规划，以及住宅区的规划，应尽可能使各种建筑物的主轴与煤层走向或倾斜方向一致，或以较小的夹角与其斜交。

(3)各种建筑物的平面形状应力求简单，并易于分割成矩形单体。无论是纵向承重墙，还是横向承重墙，都应与房屋的主轴对称；墙体在平面上不允许有较多的间断。窗洞和窗间墙应当尽可能等高、等宽，并应沿墙体纵向和横向均匀布置(楼梯间窗户与楼层窗户应布置在同一标高上)。

2. 结构措施

可以减小地表变形对建筑物基础不利影响的结构保护措施有：

(1)在满足基础承载能力的条件下减小基础的埋深，以减少基础与地基土体的接触面积。

(2)基础应设置在同一标高上，并在建筑物所有单体下设置地下室。

(3)基础的空隙应回填土，基底应敷设土垫层，垫层应采用比基础的黏聚力和摩擦力低的土壤。

(4)采动前，在建筑物的四周或仅在预测地表变形量最大的一侧设置临时性的缓冲沟，沟内充填低强度材料或松散土。

(5)单独基础之间设置联系梁(例如骨架式建筑物)。当煤层回采方向与房屋的纵轴线成夹角时，应沿基础对角线方向设置联系梁。

(6)在建筑物的基础及地下室部分设置滑动层。

(7)设置钢筋混凝土基础圈梁(在垫层平面或滑动层平面上)、勒脚圈梁(在地下室的顶板下面)。

(8)在建筑物地下室的围护结构中设置低强度的构件。

上述结构保护措施可以减小或者消除基础中的应力集中。

5.7.1.3　结构设计时刚性原则或柔性原则的应用

建筑物及其基础与地下室部分，可根据结构特点和建筑物用途，有针对性地按刚性原则或柔性原则进行设计。

在按地表水平变形条件采用刚性原则设计时，基础结构的刚度和强度必须足以抵抗地表水平变形的影响及能够承受采动时所产生的附加内力。为此在基础与地下室结构中，可根据下列情况采取不同的结构措施：如为条形基础，应在垫层平面上设置钢筋混凝土圈梁；如为钢筋混凝土板式基础，可根据地表水平变形引起的附加内力配置钢筋；如为单独基础，应在各基础之间设置联系梁。

在按地表水平变形条件采用柔性原则设计时，基础结构(或基础与地下室部分)应具有足够的柔性和可弯曲性，以保证基础能够随地基移动而位移，不使结构产生较大的应力。因此，在建筑物基础与地下室部分的结构中，应采用滑动层和可倾式基础，或采用弱强度围护结构。

5.7.2 采动区内抗变形建筑物的结构保护措施

5.7.2.1 变形缝

设置变形缝就是将建筑物自屋顶至基础分成若干个彼此互不相连、长度较小、刚度较好、自成变形体系的独立单体。这样一来，可以减少地基反力分布的不均匀对建筑物的影响，提高建筑物适应地表变形的能力，减小作用于建筑物的附加应力。

位于地表拉伸—正曲率变形区的建筑物，变形缝宽度应按构造设置；位于地表压缩—负曲率变形区的建筑物，其墙壁变形缝宽度$\varDelta_{墙}$用下式计算

$$\varDelta_{墙}=(\varepsilon+HK)\frac{l_1+l_2}{2}\quad(\mathrm{mm})$$

基础变形缝宽度$\varDelta_{基}$由下式计算

$$\varDelta_{基}=\frac{\varepsilon(l_1+l_2)}{2}\quad(\mathrm{mm})$$

式中 ε——预计的地表压缩变形值，mm / m；

K——预计的地表负曲率变形值，mm / m^2；

H——建筑物单体高度，m；

l_1、l_2——变形缝两侧单体的长度，m。

对于先位于地表拉伸—正曲率变形区，然后又位于地表压缩—负曲率变形区的建筑物，其墙壁和基础变形缝的宽度可分别按下式计算

$$\Delta_{墙}=[(\varepsilon-\varepsilon')+(K-K')H]\frac{l_1+l_2}{2} \quad (\mathrm{mm})$$

$$\Delta_{基}=(\varepsilon-\varepsilon')\frac{l_1+l_2}{2} \quad (\mathrm{mm})$$

式中　ε'——预计地表拉伸变形值，mm/m；

K'——预计地表正曲率变形值，$\mathrm{mm/m^2}$。

5.7.2.2　钢拉杆

钢拉杆可承受地表正曲率变形和拉伸变形产生的拉应力，减少地表正曲率变形和拉伸变形对墙壁的影响。采用钢拉杆保护建筑物墙壁，具有施工简单、工作量小以及可以回收钢材等优点。由于钢拉杆的效果不如钢筋混凝土圈梁的加固效果好，因此钢拉杆一般设于建筑物外墙箍柱。

5.7.2.3　钢筋混凝土圈梁

设置钢筋混凝土圈梁是提高建筑物抵抗地表变形能力的有效措施。圈梁的作用在于增强建筑整体性和刚度，提高砖石砌体的抗弯、抗剪和抗拉的强度，可在一定程度上防止或减少裂缝等破坏现象的出现。

圈梁一般设于建筑物外墙上，基础圈梁一般设于地面以下基础的第一个台阶上，墙圈梁一般设于檐口以及楼板下部。任何部位的圈梁均应在同一水平上连续地设置，形成一个水平封闭的系统，不应被门窗洞口切断。圈梁设置的数量，应视地表变形的大小及建筑物状况而定。

5.7.2.4　钢筋混凝土锚固板

在现有建筑物最低层的地板水平面以上，采用钢筋混凝土锚固板加固的情况，不像新建筑物那样多。然而，钢筋混凝土锚固板的作用是保证固定板水平面以上的建筑物的几何形状不变。但由于造价高，施工难度大，因此只有在技术上可能、经济上合理和地表水平变形值达到 12 ~ 15 mm/m 的情况下才采用。

5.7.2.5 堵砌门窗洞

当建筑物受到地表水平压缩变形和负曲率变形影响时，可采用堵砌门窗洞的办法，以提高墙壁抵抗地表负曲率变形和水平压缩变形的能力。该措施一般用于加固仓库等建筑物。

5.7.2.6 变形补偿沟

变形补偿沟即在建筑物周围的地表挖掘的一定深度的槽沟。其作用是吸收地表水平变形，以减少建筑物处地表的水平变形值，从而达到保护建筑物的目的。变形补偿沟是减少地表水平压缩变形对建筑物影响的有效而经济的措施。其边缘距建筑物基础外侧 1 ~ 2 m，沟底宽度不小于 60 cm，沟的底面比基础底面深 20 ~ 30 cm。

5.7.2.7 地面线路维修措施

地面线路维修措施是利用铁路下采煤的特点，随时消除地下开采对线路的不利影响，以保证行车安全。在进行铁路下采煤时，应首先考虑地面线路维修措施，然后再考虑井下开采措施。采用地面线路维修措施，如填道渣、起道、拨道，可以达到不影响车辆通行的目的。

5.7.3 结构保护措施实例

对采动区内建筑物采用抗变形结构措施是目前通用的一种治理方法，河南省内许多煤矿采空区的治理工程都采用了这种措施，主要介绍如下。

5.7.3.1 平顶山矿区铁路维修

该铁路是连接平顶山各大型煤矿以及部分企业的铁路专用线，对平顶山矿区建设的发展起到了不可替代的作用，推动了平顶山市的经济发展。矿区铁路大部分位于煤田范围内，由于煤田的开采导致铁路随着地表发生下沉，在平顶山矿区平均每年下沉铁路长度将近 50 km，并且有些地段长年处于下沉区域，总下沉高度可达 10 多 m。对于一般路基采用回填抬高的方法处理，对于下沉铁路桥梁结构物则采用结构加固的方法。以田韩线 DK56+665 处桥梁下沉整治工程为例，该桥梁由于桥下采煤引起下沉，出现了桥墩台的不均匀下沉，导致桥跨结构梁体发生位移，梁缝发生改变，桥上线路纵断面坡度和平面位置发生变化。这些变化的继续发展，使得最大下沉量达到 400 mm，到 1989 年年底，该桥梁被迫中断铁路行车。经过三次治理，主要采用结构加固的措施，最后使该桥梁正常使用。因此，在矿区下沉区域修建桥梁时，最好选择其结构稳定和变形受下沉影响较小的框架桥，并且为满足将来较大的下沉量，框架桥沿垂直铁道线路中心线的方向应尽量长些。只有这样，当下沉量较大时，可在桥上填筑路基，满足铁道线路标高，否则只有在桥上修筑挡墙。

5.7.3.2　南水北调中线工程

已确定的南水北调中线工程渠线(正线)经过了河南的禹州、郑州、焦作矿区。通过的矿井有：焦作矿务局的恩村矿、韩王矿、演马矿、九里山矿、古汉山矿，焦作煤炭局的白庄矿、李万矿、马坊泉矿，辉县市的吴村矿，共 9 对矿井。渠道经过煤矿采空区，在选线过程中，结合南水北调中线工程的特征，对采空区进行勘察后认为：

(1)3 年后，其地表已稳定，或者说开采 3 年后，其地表只有残余变形，而残余变形量仅为整个地表变形总量的很小部分，可忽略不计。因此，开采 3 年以后的老采空区可作为建筑物的建筑场地。

(2)南水北调是国家重点工程，为稳妥起见，再考虑 2 年的残余变形期(稳定巩固期)。因此，开采 5 年后的采空区，可以建渠线。

(3)采后时间在 3 年以内，地表移动仍处于起始、活跃、衰减阶段，若在这种采空区上建渠线，将会造成渠体坡向改变、开裂和渗漏等问题。因此，开采后 3 年内形成的现采空区不能建渠线。

(4)以上所推荐的建议线路所经过的采空区均为采后 5 年以上，其采空区已经稳定，不会对渠线产生影响。因此，建议线路是安全可靠的。

5.7.3.3 村庄民房加固

鹤壁煤业(集团)公司三矿在厚松散层条件下用综采放顶煤的方法开采东马驹河村庄煤柱，开采之前对民房采用钢拉杆加固，采后对民房采用扶壁柱法加固墙体以及对墙体裂缝进行修复与补强，使得民房基本都能够达到居住标准。鹤壁三矿提高了煤炭资源回收率，带来了较好的经济效益和社会效益。

5.8 采空区塌陷灾害治理方法建议

5.8.1 河南省煤矿采空区塌陷灾害治理方法建议

5.8.1.1 豫东区

以永城矿区为代表，其特点是地处黄淮平原中部，系冲积平原，地势平坦，潜水位较高，凡沉陷 1m 以上的地区均引起了大面积农田积水。同时，采空塌陷面积较大，建议采用以下治理方法。

1. 土地复垦

(1)疏排法：薄煤层开采时，地表沉陷量小，地表标高高于洪水位标高，地势平坦，但由于周围地势高，有时会出现季节性积水，不能自流排出、影响农作物的生长。这时可以通过疏排法进行整体规划，建立适当的疏排系统，建造排水设施，使水自流畅通。疏排法复垦的关键是排水系统的设计。在进行排水系统的设计时，应综合考虑全矿井，甚至全矿区的情况，形成综合排水系统。

(2)就地平整法：不积水而起伏不平的沉陷地，或积水沉陷区的边坡地带，保墒、保水、保肥效果差，又不便耕种，可以通过就地平整法进行挖补平整，保证整个沉陷区海拔标高基本一致。平整后的土地标高要高于洪水位标高，以适合耕种，利于植物生长。

(3)挖深垫浅法：对沉陷较深、积水无法疏排的沉陷地连同不规则的地形、小坑塘、小壕沟，一并通过挖深垫浅法进行复垦，其具体方法是：将地表 1m 左右的表土取走，堆在四周，把沉陷较深的地块规划成取土坑，在设计取土坑的位置，将表土层下 3 m 左右的砂姜层挖出垫在沉陷较浅的地块内。然后，将表土覆盖在砂姜土上，推平深犁，形成的取土坑可以进行水产养殖，耕地还田于民。这样，既减少了企业负担，又增加了农民收入，同时也增加了社会效益。

(4)直接利用法：厚煤层开采时，地表沉陷量大，地表大面积积水，积水太深，如采取充填法复垦这些沉陷区存在很大困难，一是充填材料缺乏，二是复垦费用高，复垦的意义不大。对于这些没有复垦价值的地块，采取直接利用法，如发展网箱养鱼、围栏养鱼、蓄洪作灌溉水源，或者在水体周围镶边、构筑水上设施、建设水上乐园等。如此，既改造了生态环境，又丰富了职工的文化娱乐活动。

2. 塌陷区充填复垦

对煤矿及电厂的固体废弃物矸石和灰渣，为避免其多占土地和污染环境，将其应用在沉陷地的复垦上。具体办法是：将沉陷地上层 1m 左右的表土取走，用矸石或灰渣充填后，把表土覆盖在上面。对于含有有毒、有害物质的矸石，在复垦时应作隔离处理，即在充填矸石的塌陷坑中预先铺设黏土防水层，防止矸石中的有毒、有害物质外流，污染地下水源和周围环境。在沉陷区形成之前或尚未稳定时，也可将固体废物直接排放到沉陷区进行复垦，即在采空区上方预计要发生下沉的区域，将表土取出堆放在四周，按预计的下沉深度和范围，用固体废弃物充填到预计水平后，将堆放在四周的表土覆盖在矸石层的上面覆土成田。这样，既解决了固体废弃物的污染，也避免了其多占土地，又多复垦了土地，从而改造了生态环境。

3. 建筑物用地治理方法

1) 住房及工厂等建筑物

根据拟建建筑物对地表变形的不同要求，采用不同的治理措施。对于稳定的采空区，可采用矸石回填采空塌陷区加固地基的方法，降低工程造价。对于基本稳定的采空区，除采用矸石回填采空塌陷区加固地基的方法外，还应考虑采用建筑物结构保护措施。如在满足基础承载能力的条件下，减小基础的埋深，以减少基础与地基土体的接触面积；基础的空隙应回填土，基底应敷设土垫层，垫层应采用比基础的黏聚力和摩擦力小的土壤；设置钢筋混凝土基础圈梁(在垫层平面或滑动层平面上)、勒脚圈梁(在地下室的顶板下面)；在建筑物地下室的围护结构中设置低强度的构件等。对于不稳定的采空区，应尽量避免在这种地块进行建设，如确实不能避免，对于距地表深度不超过 30 m 的采空区，可采用桩基础处理采空区；对于距地表深度超过 30 m 的采空区，可采用采空区内注浆加固的方法，以保证拟建工程的安全。

2) 铁路

根据铁路的性质，采用不同的治理方法。对于一般路基，可采用地面的回填维修措施。对于桥梁和隧道，如采空区属于稳定或基本稳定状态，可采用桥梁、隧道自身结构加固的方法；如采空区属于不稳定状态，可采用采空区内注浆加固的方法，以保证铁路的安全。

3) 公路

公路对地表变形标准要求高，且不能采用地表塌陷区回填的方法，因此原则上以避让采空区为主。如不能避让，对于稳定和基本稳定的采空区，可采用路基底层铺设土工物的方法，以减少局部的差异沉降；对于不稳定的采空区，采用采空区内注浆的方法治理。在公路建设过程中，对人能进入的采空区，可采用片石回填的方法进行处理。

5.8.1.2　豫北区

以焦作、安阳、鹤壁矿区为代表，其特点是大部分地处丘陵地带、小部分为太行山区，其潜水位较低，采空塌陷面积在丘陵区较大、在山区相对较小。建议采用以下治理方法。

1. 土地复垦

1) 农业区

对于地势平坦、土质肥沃、水源充足的塌陷区，均以复垦为农业用地为主，并实行田、林、路统一规划，综合治理。其特点为：地势较为平坦，地下大面积正规作业开采，形成的塌陷盆地相对平缓，地表破坏程度较轻，塌陷区土地高差一般在 3 m 以内。可采用推土机推高填低平整塌陷土地，完善田、林、路、渠及其他农田配套设施，恢复被破坏土地的种植功能，恢复生态平衡。这种方法投资少，见效快，易于实施。

2) 林牧区

对于北部靠近太行山，地形坡度在 60°以上，地势高、土壤贫瘠，不宜种植农作物的塌陷区，以发展林牧业为主。其特点是：地表地势起伏较大，地下开采后引起地表下沉、塌陷、移动，塌陷区内裂缝遍布，高差变化较大。可在塌陷盆地深处继续挖深，回填浅部塌陷区，以减少土地损失，浅部塌陷地填平后，用于农牧种植，深部塌陷区用于立体养殖。也可以填平断缝，开垦水平条带梯田，种植耐旱作物或开发园林。另外，还可以利用煤矸石或电厂的粉煤灰充填塌陷区，造地复垦农田。

3) 水产养殖区

常年积水或季节性积水塌陷区，通过规划自然利用，随凹深挖治理成池塘，饲养鱼虾，种植莲藕，发展水产养殖。

2. 塌陷区充填复垦

对煤矿及电厂的固体废弃物矸石和灰渣，为避免其多占土地和污染环境，将其应用在沉陷地的复垦上。具体办法见豫东塌陷区充填复垦的相关内容。

3. 建筑物用地治理方法

1) 住房及工厂等建筑物

见豫东区的相关内容。

2) 铁路

见豫东区的相关内容。

3) 公路

见豫东区的相关内容。

4) 南水北调工程

由于南水北调工程渠线通过煤矿区,存在两大工程地质问题：通过已采区，地表塌陷变形对渠道的影响以及地表开裂引起渠水的渗漏；通过未采区，渠道压煤。

由于渠道通过的采空区，其地表移动盆地已稳定多年，不影响渠线通过。渠道施工时，只对塌陷盆地边缘的裂缝加以处理即可。

根据拟定渠线，应核实通过煤矿区的长度、压煤量，采空区及地表移动盆地(塌陷区)的分布范围、变形特征、土体工程地质特性，作出渠道及渠坡稳定性评价，提出合理的施工及工程处理措施。

5.8.1.3 豫西区

以平顶山、义马、禹州、郑煤矿区为代表，其特点是大部分地处丘陵地带、小部分为平原区，其潜水位较低，采空塌陷面积较大，建议采用以下治理方法。

1. 土地复垦

(1)对于土层较厚，不发生渗漏，且在 10～20 年内不会再度塌陷的土地，进行挖低垫高，分割规整，修造台地。利用台地进行种植、渔业和家禽养殖。通过农(蔬菜、花卉、果树)—渔(各种淡水鱼类)—禽(鸡、鸭、鹅、鸳鸯鸭)—畜食物链类型实现生态型发展。

(2)对于近期还会塌陷或还未稳定的区域，进行开沟挖渠疏水种植，即进行挖渠排水，保护耕地，同时也减轻了井下的排水量。

(3)在不宜进行种植养殖和建筑的塌陷地，如丘陵、山坡，可营造人工经济林和矿用林场，不仅可以阻挡风沙，改善矿区生态环境，而且还能产生经济效益。

2. 塌陷区充填复垦

对煤矿及电厂的固体废弃物矸石和灰渣，为避免其多占土地和污染环境，将其应用在沉陷地的复垦上。具体办法见豫东区塌陷区充填复垦的相关内容。

3. 建筑物用地治理方法

1) 住房及工厂等建筑物

见豫东区的相关内容。

2) 铁路

见豫东区的相关内容。

3) 公路

见豫东区的相关内容。

4) 南水北调工程

见豫北区的相关内容。

5.8.2　调查区煤矿采空区塌陷灾害治理方法建议

通过采空塌陷区的调查与治理方法的研究，对调查区采空区塌陷灾害治理方法建议如下。

5.8.2.1　豫西区：平顶山、韩梁、临汝矿区

1. 平煤一矿

塌陷严重区：对地表塌陷区采用矸石及其他碎石料填筑加固，对已有民房进行搬迁，对重要建筑物进行注浆地基加固或建筑物

结构加固。

塌陷次严重区：对于民房可进行地基加固或结构加固；对于受塌陷影响的道路，多以矸石填筑，部分可采用混凝土加固。

塌陷轻微区：加强地表变形的观测工作，对个别已有裂缝的民房进行适当的地基加固或结构加固。

2. 平煤八矿

塌陷次严重区：对于民房可进行地基加固或结构加固；对于受塌陷影响的道路，多以矸石填筑，部分可采用混凝土加固。

塌陷轻微区：加强地表变形的观测工作，对个别已有裂缝的民房进行适当的地基加固或结构加固。

3. 大庄矿

塌陷严重区:对地表塌陷区采用矸石及其他碎石料填筑加固；对塌陷形成的池塘可进行挖低垫高，分割规整，修造台地，利用台地进行种植、渔业和家禽养殖；对已有民房进行搬迁；对重要建筑物进行注浆地基加固或建筑物结构加固。

塌陷次严重区：对于民房可进行地基加固或结构加固；对于少数耕地由于塌陷在雨天时积水严重的区域，可采用挖低垫高的方法，恢复农田；对于受塌陷影响的道路，可采用矸石回填修筑。

塌陷轻微区：应加强地表变形的观测工作，对个别已有裂缝的民房进行适当的地基加固或结构加固。

铁路：虽然铁路留设了保护煤柱，但由于井下开采的特殊性，应加强地表变形的观测工作，对出现的地表塌陷应及时回填，对桥梁、隧道进行结构加固。

5.8.2.2 豫西区：义马、陕渑、新安、宜洛矿区

1. 义马千秋矿

塌陷次严重区：对于民房可进行地基加固或结构加固；对于少数耕地由于塌陷在雨天时积水严重的区域，可采用挖低垫高的方法，恢复农田；对于受塌陷影响的道路，可采用矸石回填修筑。

塌陷轻微区：应加强地表变形的观测工作，对个别已有裂缝的民房进行适当的地基加固或结构加固。

铁路：虽然铁路留设了保护煤柱，但地表已有塌陷现象，对出现的地表塌陷应及时回填，对桥梁、隧道进行结构加固。同时，应加强地表变形的观测工作，及时发现问题，及时采取措施，以保证铁路的安全。

2. 宜阳宜洛矿

塌陷次严重区：对于民房可进行地基加固或结构加固；对于少数耕地由于塌陷在雨天时积水严重的区域，可采用挖低垫高的方法，恢复农田；对于受塌陷影响的道路，可采用矸石回填修筑。

塌陷轻微区：应加强地表变形的观测工作，对个别已有裂缝的民房进行适当的地基加固或结构加固。

5.8.2.3　豫西区：新密、登封、荥巩矿区

1. 郑煤米村矿

塌陷严重区：对地表塌陷区采用矸石回填复垦，对塌陷形成的池塘可进行挖低垫高复垦为农田，对已有民房进行搬迁，对道路采用矸石及其他碎石料填筑加固，对重要建筑物进行注浆地基加固或建筑物结构加固。

塌陷次严重区：对于民房可进行地基加固或结构加固；对于少数耕地由于塌陷在雨天时积水严重的区域，可采用挖低垫高的方法，恢复农田；对于受塌陷影响的道路，可采用矸石回填修筑。

塌陷轻微区：应加强地表变形的观测工作，及时发现问题，及时解决。

2. 郑煤裴沟矿

塌陷严重区：对地表大的塌陷区采用矸石回填复垦，对塌陷形成的小池塘可进行挖低垫高复垦为农田，对已有民房进行搬迁，对道路采用矸石及其他碎石料填筑加固，对重要建筑物进行注浆地基加固或建筑物结构加固。

塌陷次严重区：对于民房可进行地基加固或结构加固；对于少数耕地由于塌陷在雨天时积水严重的区域，可采用挖低垫高的方法，恢复农田；对于受塌陷影响的道路，可采用矸石回填修筑。

塌陷轻微区：应加强地表变形的观测工作，及时发现问题，及时解决。

无塌陷区：应加强地表变形的观测工作，特别是来集镇政府所在地区域，及时发现问题，及时解决。

3. 大峪沟矿

塌陷严重区：对地表大的塌陷区采用矸石回填复垦，对魔岭山头大裂隙采用矸石回填，对塌陷形成的小池塘可进行挖低垫高复垦为农田，对已有民房进行搬迁，对道路采用矸石及其他碎石料填筑加固，对重要建筑物进行注浆地基加固或建筑物结构加固。

塌陷次严重区：对于民房可进行地基加固或结构加固；对于少数耕地由于塌陷在雨天时积水严重的区域，可采用挖低垫高的方法，恢复农田；对于受塌陷影响的道路，可采用矸石回填修筑。

塌陷轻微区：应加强地表变形的观测工作，及时发现问题，及时解决。

无塌陷区：凉水泉水库周围虽然留设了保护煤柱，但考虑到煤矿井下开采的特殊性，以及凉水泉水库的重要性，应加强水库周围地表变形的观测工作，及时发现问题，及时解决。

5.8.2.4　豫西区：禹州矿区新峰矿

塌陷严重区：对地表大的塌陷区采用矸石回填复垦，对塌陷形成的小池塘可进行挖低垫高复垦为农田，对已有民房进行搬迁，对道路采用矸石及其他碎石料填筑加固，对重要建筑物进行注浆地基加固或建筑物结构加固。

塌陷次严重区：对于民房可进行地基加固或结构加固；对于少数耕地由于塌陷在雨天时积水严重的区域，可采用挖低垫高的方法，恢复农田；对于受塌陷影响的道路可采用矸石回填修筑。

塌陷轻微区：应加强地表变形的观测工作，特别是对矿井口及工业广场周围的地区，及时发现问题，及时解决。

5.8.2.5 豫西区：偃龙矿区铁生沟矿

塌陷严重区：对地表大的塌陷区采用矸石回填复垦，对塌陷形成的小池塘可进行挖低垫高复垦为农田，对已有民房进行搬迁，对道路采用矸石及其他碎石料填筑加固，对重要建筑物进行注浆地基加固或建筑物结构加固。

塌陷次严重区：对于民房可进行地基加固或结构加固；对于少数耕地由于塌陷在雨天时积水严重的区域，可采用挖低垫高的方法，恢复农田；对于受塌陷影响的道路可采用矸石回填修筑。

塌陷轻微区：应加强地表变形的观测工作，及时发现问题，及时解决。

5.8.2.6 豫北区：焦作、济源矿区

1. *焦作演马矿*

塌陷严重区：对地表大的塌陷区采用矸石回填复垦，对塌陷形成的小池塘可进行挖低垫高复垦为农田，对已有民房进行搬迁，对道路采用矸石及其他碎石料填筑加固，对重要建筑物进行注浆地基加固或建筑物结构加固。

塌陷次严重区：对于民房可进行地基加固或结构加固；对于少数耕地由于塌陷在雨天时积水严重的区域，可采用挖低垫高的方法，恢复农田；对于受塌陷影响的道路可采用矸石回填修筑。

塌陷轻微区：应加强地表变形的观测工作，及时发现问题，及时解决。

2. *济源矿*

塌陷严重区：对地表大的塌陷区采用矸石回填复垦，对塌陷形成的小池塘可进行挖低垫高复垦为农田，对已有民房进行搬迁，对道路采用矸石及其他碎石料填筑加固，对重要建筑物进行注浆地基加固或建筑物结构加固。

塌陷次严重区：对于民房可进行地基加固或结构加固；对于少数耕地由于塌陷在雨天时积水严重的区域，可采用挖低垫高的方法，恢复农田；对于受塌陷影响的道路可采用矸石回填修筑。

塌陷轻微区：应加强地表变形的观测工作，及时发现问题，及时解决。

5.8.2.7 豫北区：安阳、鹤壁矿区

1. 鹤壁四矿

塌陷严重区：对地表大的塌陷区采用矸石回填复垦，对塌陷形成的小池塘可进行挖低垫高复垦为农田,对已有民房进行搬迁，对道路采用矸石及其他碎石料填筑加固，对重要建筑物进行注浆地基加固或建筑物结构加固。

塌陷次严重区：对于民房可进行地基加固或结构加固；对于少数耕地由于塌陷在雨天时积水严重的区域，可采用挖低垫高的方法，恢复农田；对于受塌陷影响的道路可采用矸石回填修筑。

塌陷轻微区：应加强地表变形的观测工作，特别是中部的鹤壁集乡政府所在地，及时发现问题，及时解决。

2. 安阳铜冶矿

塌陷严重区：对地表大的塌陷区采用矸石回填复垦，对塌陷形成的小池塘可进行挖低垫高复垦为农田,对已有民房进行搬迁，对道路采用矸石及其他碎石料填筑加固，对重要建筑物进行注浆地基加固或建筑物结构加固。

塌陷次严重区：对于民房可进行地基加固或结构加固；对于少数耕地由于塌陷在雨天时积水严重的区域，可采用挖低垫高的方法，恢复农田；对于受塌陷影响的道路可采用矸石回填修筑。

塌陷轻微区：应加强地表变形的观测工作，特别是水库周边地区，及时发现问题，及时解决。

5.8.2.8 豫东区：永城新庄矿

塌陷严重区：对地表大的塌陷区采取直接利用法，如发展围

栏养鱼业；对于塌陷形成的小池塘，可进行挖低垫高复垦为农田；对河堤采用矸石填筑加高措施。

塌陷次严重区：对于民房可进行地基加固或结构加固；对于少数耕地由于塌陷在雨天时积水严重的区域，可采用挖低垫高的方法，发展养鱼业；对于受塌陷影响的道路可采用矸石回填修筑。

塌陷轻微区：应加强地表变形的观测工作，及时发现问题，及时解决。对个别已有裂缝的民房进行适当的地基加固或结构加固。

第 6 章　煤矿在开采过程中控制地面塌陷的方法研究

6.1 在开采过程中控制地面塌陷方法的分类

6.1.1 煤矿在开采过程中减缓地表塌陷的方法

根据具体工程地质条件和开采技术条件，预计开采造成的损害，而在开采过程中采取措施，从而减小由于煤炭开采而造成的对采空区上覆地表的生态及已有工程如建筑、铁路、公路的损害，因此对此类采空区的治理主要是尽量减小采空区造成的损害程度，从预防的角度去考虑，以达到保护的目的。煤矿在开采过程中减缓地表塌陷的方法见表 6-1。

6.1.2 特殊条件下的开采保护措施

在采矿过程中为减少地表塌陷，以达到保护地表工程，缓解有可能诱发的各类地质灾害的治理工程，主要有两大方面的技术措施：①减缓地表塌陷技术措施，主要有采矿技术措施和离层注浆等方法。②工程自身结构保护措施。每个工程都有自己的特点，在采取工程自身结构保护措施时应具体根据工程的特点有针对性地来维护，很难一概而论。下面主要根据具有代表性的“三下”采煤工程类型来说明这两大方面的技术措施。而这两大技术措施根据治理方位又可分为井上和井下技术措施(见表 6-2)。具体的特殊条件下开采保护措施将在后文(见本书 6.4 节)叙述。

表 6-1 煤矿在开采过程中减缓地表塌陷的方法一览表

分类	具体措施	适用条件
采矿技术措施	充填法管理顶板	在重要建筑物和构筑物下开采及在大倾角、急倾斜矿层开采时使用
	局部开采	(1)地面建筑物十分密集或结构复杂，上部有具有纪念性的建筑物、铁路隧道等，由于技术和经济上的原因不适于采取建筑物加固或充填措施； (2)地面排水困难； (3)矿层层数少，厚度稳定，构造少； (4)矿层埋深 400 ~ 500 m 以内
	协调开采	在地表建筑比较少，或水库等水体范围不是很大时可用。理论上根据开采引起的地表移动变形分布规律，通过合理安排开采布局、顺序、方向、时间等方法来控制，但在实际应用当中存在很大困难
	控制开采	在必须控制采动地表裂隙时常采用，如在特厚湿陷性黄土覆盖层条件下及山区开采、急倾斜矿层开采时可用，但在高突、高瓦斯矿中不宜采用
	留设保护煤柱	在重点保护工程、密集建筑下或水库下，对地表变形有比较严格的要求，采取其他措施达不到要求或代价太高时常用该方法
离层注浆		使用该方法一般须满足 $H/M>40$ 的条件，由于该方法需要解决的理论、实践等问题还很多，应用还不够广泛

表 6-2　特殊条件下开采保护措施一览表

工程类型	治理方法分类	具体措施	适用条件
建筑物下开采	井下	①留设保护煤柱；②全柱开采；③择优开采；④连续开采；⑤适当安排工作面与建筑物长轴的关系；⑥消除开采边界的影响；⑦对称背向开采	根据预计变形结果，设计和选取既能充分开采煤炭资源，又在技术上可行、经济上最优的技术措施。这只能减小地表塌陷量，并不能完全消除塌陷，因此常配合其他井上措施使用
	井上	井上主要采取建筑物结构保护措施：①预留变形缝；②钢拉杆加固；③钢筋混凝土圈梁加固；④钢筋混凝土锚固板加固；⑤堵砌门窗洞；⑥设置变形补偿沟；⑦混凝土灌注桩加固	适用于地表塌陷量比较小的区域，或在井下采取一定措施后对地表影响较小时采用
水体下开采	井下	留设安全煤岩柱主要包括：①留设防水安全煤岩柱；②留设防沙安全煤岩柱；③留设防塌煤岩柱。 地下开采的技术措施主要包括：①分层(分阶段)间歇开采；②充填开采；③分区开采；④其他技术措施	根据预计结果，导水裂隙会贯通水体时必须留设防水安全煤岩柱。导水裂隙的发育高度也可以通过限制采厚、采空区充填等开采方法来控制
	井上	水体处理措施：①疏降水体处理措施；②处理水体补给来源	地面的水体对周围居民生活、生态环境不会造成太大影响时，在回采过程中可事先对水体进行处理
铁路下开采	井下	开采技术措施：①充填开采；②分层开采防止地表突然下沉；③合理安排采区和铁路线的关系	
	井上	地面维护技术措施主要有填道渣抬高路基、拨道、起道	地表变形不是很大或铁路线处于均匀下沉区时可采用。当采用地面维护技术措施就可以保证铁路正常运行时，不必再采取井下措施

6.2　采矿技术措施

根据设计的采区尺寸和选用的采矿方法，预计该采动区上各种移动和变形值，如果这些预计值不会引起地表工程的破坏，则仍按原方案开采；反之，则应采取合适的采矿措施来减小地表移动和变形，主要是采用合理的采煤方式和顶板管理方法。顶板管理方法又称采空区处理技术，目前有充填法、垮落法、顶板缓慢下沉法和条带开采法等。

6.2.1　充填法管理顶板

对采空区进行充填，是预防塌陷的一项重要措施。一般在开采厚及特厚煤层或重要建筑物下煤层时采用。充填实质上是减小矿体有效开采厚度，使地面下沉量和其他变形值大幅度减少，也使岩层移动过程平缓发展。开采不规则的金屑矿床所引起的非连续性变形是难以预计和控制的，充填采空区对防止或减少开采这类矿床引起的地表下沉破坏，具有重要意义。

其主要方法有：

(1)用煤矸石或过火矸充填采空区，山东新汶矿务局已试验成功。

(2)把白矸留在井下，用洗矸回填采空区。

(3)用粉煤灰充填。

(4)对中厚煤层的采空区进行水砂充填，即用过火矸、粉煤灰和少量絮凝剂作矿井充填材料，只要粗细颗粒搭配适当，就能降低空隙度，提高强度。水砂充填减沉效果最好，能够有效地限制顶板下沉，特别适用于密集建筑物下和城镇下开采。在我国抚顺矿区以及波兰的卡托维茨城镇下矿层的开采应用比较成功。

(5)风力充填。焦作演马矿曾应用风力充填村庄下压煤开采后的采空区。

6.2.2 局部开采——条带式开采

条带开采实质上就是将开采块段划分成较规整的条带形状，采一条、留一条，使留下的条带煤柱能够承受上覆岩层的载荷，从而减少覆岩塌陷，控制地表产生较小的移动与变形的一种特殊的局部开采方法。它具有以下的特点：

(1)地表不呈现明显的波浪形状，而为单一平缓的下沉盆地；

(2)地表的最大下沉值主要取决于煤柱的压缩和向顶底板的压入；

(3)保留煤柱总面积和条带开采范围总面积之比一般大于 1/3；

(4)覆岩破坏特征与长壁式开采明显不同。冒落条带法采出条带上方形成拱形冒落(或根本不冒落)，因而形成以煤柱为支座的连续岩梁，冒落拱上方为裂隙带。采空的条带可充填或不充填，只需保证直接顶板能冒落。

条带法开采具有对围岩扰动轻、地表变形小的特点，目前已成为建筑物下采煤的有效开采措施。合理确定条带开采尺寸是条带开采能否取得成功的关键。根据我国的经验，在采深较小，矿层上覆岩层内至少有一层坚硬岩层时，采用局部开采方法能够取得较好的技术、经济效益。局部开采时，最大采深一般不宜大于 500 m。采留比为 40% ~ 60%，最高为 65%，采宽和留宽与采深的大致关系见表 6-3。但条带式开采对资源保护显然是不利的。

表 6-3 局部开采的采留宽度与采深关系

采深 H(m)	采宽(m)	留宽(m)	采出率(%)
>400	0.1H	0.1H	50
200 ~ 400	30	30	50
100 ~ 200	20 ~ 25	20	50 ~ 55
70 ~ 100	12 ~ 15	8 ~ 10	60

6.2.3　协调开采

同时开采几个煤层或一个煤层中的几个分层时，根据开采引起的地表移动变形分布规律，通过合理安排开采布局、顺序、方法、时间等方法，以使引起的地面拉伸和压缩变形相互抵消或部分抵消，从而减少地面的变形量，这就是协调开采的原理。

常见的协调开采方法有：

(1)减小开采边界影响的叠加。

(2)多工作面协调开采。

(3)对称开采方法。

6.2.4　控制开采

6.2.4.1　限厚开采

实践已证明，煤层一次性开采厚度越大，地表塌陷的就越厉害，一次性开采厚度越小，对地表影响就越小，因此从防止地表塌陷的角度来说，开采厚度越小越好。但在开采厚煤层时限厚开采或分层开采必然造成开采费用增加，效率低下，开采系统过于复杂，管理困难，同时也造成煤炭资源的浪费。但当地表有需要保护的建筑或其他工程时采取限厚开采措施是必须的，这时就应该综合考虑各种因素，掌握其地表移动变形规律，设计此条件下的最大开采厚度。河南省宜阳宜洛矿、义马千秋矿等煤矿煤层赋存很不稳定，倾角较大，煤层厚度起伏较大，最厚处达 20 多 m，矿上普遍采用的采煤方法是对煤层厚度适应性比较好的放顶煤开采。这种采煤方法虽然有利于提高开采效率，降低开采费用，但对地表塌陷影响也最大，尤其是在一些巨厚、大倾角煤层，采用此种方法极易引起地表突然塌陷。

房柱式开采方法也是一种能很好地减小地表塌陷量的开采方法，但该方法开采效率在我国目前的开采技术条件下远不如长壁开采，这也是我国基本不采用此方法的主要原因，而且此方法浪费煤炭资源，还存在煤柱失稳造成顶板大面积垮落的隐患。但在局部可以采用此种开采方法，从而达到保护的目的。

6.2.4.2 间歇式开采

在急倾斜矿层开采时，应尽量采用分层间歇式开采，严禁无限制地放矿。当矿层顶底板坚硬不易冒落时，应采用人工强制放顶。

6.2.5 留设保护煤柱

根据已掌握的地表移动变形规律，在需要保护的对象如建筑物、井筒等的下部煤层层面上圈定一个保护煤柱的边界，开采仅在该边界之外进行，使开采的影响不致波及到需要保护的范围。这种方法被认为是一种比较安全可靠的方法,但也存在两大缺点：一是有一部分矿产留在地下暂时或永远不能采出，造成大量矿产资源的损失，缩短矿井生产年限；二是由于留设保护煤柱，采掘工作复杂化和采掘工作量增大，还会导致局部矿压集中，给矿井生产造成危害。保护煤柱的边界是由受护面积的边界按移动角β、γ、δ和α所作的保护平面与矿层层面的交线确定的。β和γ角分别确定下山和上山方向的矿柱边界，δ角决定了沿走向方向的矿柱边界。

随着采深的增加，地面移动范围愈来愈大，而变形值愈来愈小，因而对地面被采动而危害建筑物的程度将会逐渐减弱。

由此，当采深达到一定值后，地面移动对建筑物将不会发生有害影响，这样的深度叫“安全开采深度”。当煤层面与按γ角作出的保护面的交线低于安全开采深度时,则应以安全开采深度处水平面与矿层面的交线作为矿柱的下边界。安全采深由下式确定

$$N=H_{安}=k_{安}\cdot m$$

式中　$k_{安}$——安全系数；

m——采出煤层的真实厚度，m。

当主要倾斜巷道至煤层面的法线距离不超过安全距离 N 时，则必须留设保护煤柱，主要倾斜巷道的受护面积应包括巷道两侧所留煤柱面积。当所留矿柱宽度达到或超过 20 m 时，可不再留围护带，否则应从巷道外延，以留足 20 m 的围护带。

当主要倾斜巷道的倾角大于 45°，且它至煤层面的法线距离符合下式时，需留保护煤柱。

$$h<N=H_{安}\cos\alpha,\ N\geqslant 0.5k_{安}\cdot m$$

式中　h——受保护巷道至煤层面的法线距离，m；

α——煤层倾角(°)。

6.2.6　采矿技术实例

为了提高经济效益，减少对煤矿环境的影响，河南省煤炭系统在开采掘进过程中，对采矿技术进行了大量的试验研究，并取得了显著的效果。本书限于篇幅，只考虑以下两个实例。

6.2.6.1　条带式开采

郑煤集团超化煤矿开采二叠系山西组二$_1$煤层，层位稳定，但厚度变化较大，煤厚 2.55 ~ 11.05 m，平均 7.5 m，倾角平均 10°，属“三软”煤层。顶板为泥岩、砂质泥岩、砂岩，地表为第四系黄土层和砾石层。

采矿方式如下：

(1)采出条带宽度。根据国内外开采经验，采出条带宽度 b 必须满足下式

$$H/10\leqslant b\leqslant H/4$$

式中，H 为开采深度，取最浅部为 200 m，则采出条带宽度最小为 20 m。这样，煤炭采出后地表形成平缓的移动盆地，不出现波浪起伏形状。

(2)条带煤柱宽。为使其有足够的强度，不被上覆岩层载荷压

坏，煤柱宽度为 40 m，采出条带宽 20 m。该区条带开采采留比为 1∶2.0。采面上下巷均沿煤层底板布置，采用 2.2 m×2.2 m 梯形棚支护。

(3)回采工艺采面采用倾斜长壁炮采放顶煤一次采全厚采煤法开采。工艺流程为：打眼放炮、移主梁、装运煤、移副梁、放顶煤、移溜、支设中柱。

6.2.6.2　协调开采

平顶山矿务局化工厂是民爆火工品生产厂，位于该局十矿北翼二下山采区上方，分居住区和生产办公区两大部分，建筑物主要是砖木和混合结构，厂下压有丁、戊、己、庚组的 9 个煤层，采区为双翼开采，丁 5、丁 6 和戊 9 煤层采用高档普采或薄煤层综采，戊 1 煤层采用综采。上覆岩层以中硬砂岩为主。根据地表塌陷变形规律，充分利用单个条带开采的极不充分性，地表塌陷变形小，多工作面联合开采使地面建筑物经受采动次数少，且仅受走向动态变形影响等优点，设计出了一种全优的协调开采方法。具体方法是：沿煤层倾斜方向分 5 个工作面，每一个煤层分两个阶段进行开采，第一阶段先采第二个工作面，而后隔过第三个工作面再开采第四个工作面(也叫跳采)。第二阶段是开采其余的工作面。要求：①尽可能同时开采多个工作面，以减少对地表的采动影响次数，以两个以上的工作面为好；②工作面连续向前推进，不得长期停留使地表产生下沉盆地的稳定边界，避免建筑物经受较大的静态变形影响；③两工作面的前后错距不得大于 50 m；④当保护煤柱的开采尺寸达到充分采动时，尽可能干净回采，残留的煤柱尺寸不得大于 0.1H(H 为采深)。

6.3　覆岩离层充填方法

煤矿离层带注浆是减缓地表塌陷的新途径，国外如波兰、苏联对此早已有一些理论探讨和现场试验。我国自20世纪80年代后期抚顺矿务局首次采用覆岩离层注浆减缓地表塌陷试验取得成功之后，近10年来此项技术引起我国从事开采塌陷研究及“三下”采煤界的专家和现场工程技术人员的重视，先后有大屯徐庄煤矿、新汶局华丰煤矿、兖州局东滩煤矿和济宁煤矿等进行了现场离层带注浆减缓地表塌陷的试验。在河南省内，此项技术尚处在初步试验过程中。注浆减沉效果一般都在50%～60%，最大者达82%，最小者为36%。其技术实质是：利用矿层开采后覆岩层裂过程中形成的离层空间，借助高压注浆泵，从地面通过钻孔向离层空间注入充填材料，占据空间、减少采出空间向上的传递，支撑离层上位岩层，减缓岩层的进一步弯曲下沉，从而达到减缓地面下沉的目的。其基本工艺示意图如图6-1所示。

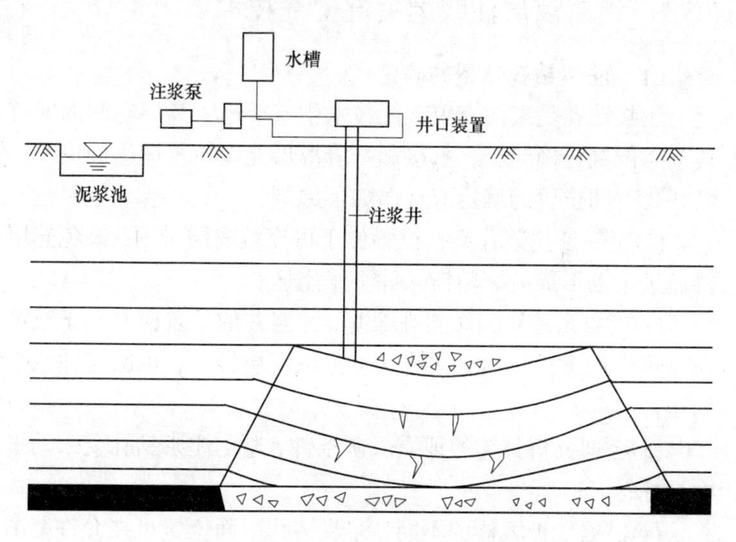

图6-1　离层充填注浆工艺示意图

6.3.1 离层充填方法的优点

生产现场试验结果表明，该技术具有以下突出优点：

(1)该技术实施仅在地面进行，井上井下互不干扰，不影响现有井下开拓布置与回采工艺；

(2)该技术既可单独使用，又可与其他措施联合使用，不浪费资源，有利于高效生产；

(3)设备简单，易于操作，减沉效果明显；

(4)塌陷治理与生态环境保护相结合，可以充分利用粉煤灰。

就其理论基础、工艺流程、适用条件、材料选择等方面来说，离层充填方法仍有待继续深入研究与完善。

6.3.2 覆岩离层注浆的关键工艺技术

6.3.2.1 注浆钻孔位置的确定

注浆钻孔是离层充填减沉技术中浆液进入离层空间的通道，其空间位置正确与否，直接影响着离层充填技术应用的成败。注浆钻孔空间位置的确定应遵循如下原则：

(1)应保证注浆孔终孔位置位于可充填离层带内，避免充填材料通过采动形成的裂隙溃入井下采空区；

(2)当煤系地层为倾斜埋藏时，注浆井的位置应有利于充填物在自重作用下向下山方向流入可充填离层带中，以减轻注浆系统的压力负荷；

(3)合理分析具体的地质采矿条件，避免注浆钻孔受采动影响而损坏；

(4)根据受护客体的不同，注浆钻孔平面位置可在允许范围内适当调整，如受护客体为建筑设施，可尽量靠近受护客体。

6.3.2.2 注浆充填材料的性能

根据离层充填的目的及注浆设备与管路系统的状态，要求注浆充填材料的性能如下：

(1)充填材料粒度不宜过大，一般应控制颗粒径度在 1.0 mm 以下，否则，易造成堵孔及设备的磨损程度增大。

(2)应有一定的抗压特性，充填材料充入离层空间后，将受到周围岩体的挤压作用。如果抗压性能太差，一方面使注入量增大，更主要的是，将造成减沉效果下降。

(3)充填材料应有较好的流动性能，使之有利于充满整个离层空间。

目前较为理想的充填材料是电厂粉煤灰，不仅颗粒径度满足要求，而且 SiO_2、Al_2O_3、Fe_2O_3 总含量超过 85%。再按水灰比 2∶1 配制成比重为 1.1 ~ 1.2 g/cm^3 的浆液。

6.4 特殊条件下的开采保护措施

6.4.1 建筑物地下防塌措施

建筑物地下采矿的防护措施主要分为两个方面：一方面在井下采取采矿措施，目的是尽量减少建筑物所在地表的移动和变形值；另一方面对建筑物采取结构保护措施，以增加建筑物承受地表变形的能力。这两方面措施常常联合使用，只有在进行综合经济技术比较后，才能确定应着重采取的措施。

6.4.1.1 采矿措施

1. 全柱开采

地表移动规律表明，地表永久性的不均匀下沉和变形都集中在地表下沉盆地的边缘区。井下每出现一个永久性开采边界，地表就出现一个变形值较大的区域。 所谓全柱开采就是在整个城市、工厂、村庄、车站、线路、井筒矿柱范围内，有限制地进行大面积全面开采，并在煤柱内不形成开采边界，以最大限度地减少开采对受保护建筑物的有害影响。为了实现全柱开采，最根本的要求就是柱内不出现永久性开采边界和不造成各矿层变形值的累加。因此，必须实现长工作面开采和一层一层的间歇开采。

长工作面开采就是利用长工作面形成的地表下沉盆地的边缘中央区稳定后变形值很小的特点，使建筑物位于稳定后地表下沉盆地的中央区。长工作面的布置方式有单一长工作面和台阶状长工作面。

单一长工作面，是在矿柱范围内只布置一个工作面，一般在煤柱面积较小时采用。台阶状长工作面，即在煤柱范围内布置几个相互错开的台阶状工作面，一般在煤柱面积较大时采用这种方式。

间歇开采即在煤柱内一次只允许回采一个煤层。第二个煤层的回采要在第一个煤层回采结束，地表移动基本稳定后才能进行，以减少多个煤层开采影响的累加。

2. 择优开采

当煤柱范围内有几个煤层时，不一定严格按照由上而下的开采顺序，可以根据煤层的间距、预计的地表变形值和建筑物的抗变形能力等因素，选择采深较大和采厚较小的煤层首先开采，待取得必要的数据和经验后，继续开采其他煤层。波兰近年来在开采重要的建筑物矿柱时，广泛运用了这种方法，取得了良好的效果。

3. 连续开采

在开采面积大的煤柱时，一般应连续开采，不允许过久地停顿。因为每过久地停顿一次，就会形成一个永久性的开采边界，使本来只承受动态变形值的地方发展为承受静态变形值。

4. 适当安排工作面与建筑物长轴的关系

建筑物抗变形能力与它的平面形状有一定的关系。矩形建筑物长轴方向抗变形能力较小，短轴方向抗变形能力较大，可以利用这一特点来布置工作面。

当建筑物位于回采区段周边以内时，长壁工作面应平行于建筑物的长轴布置。当建筑物位于回采区段周边以外时，长壁工作面应垂直于建筑物长轴方向布置。尽量避免工作面与建筑物长轴斜交。

5. 消除开采边界的影响

地下开采影响地面最严重的地方是地面下沉盆地的边缘区，它位于开采边界两侧的上方。所以，在建筑物下布置回采工作时，垂直走向的工作面应有足够的长度，使地表出现充分采动，从而使建筑物位于移动盆地的平底部分。此外，当回采工作通过建筑物下部时，应尽量加快回采速度，不能停采，尤其不得留残柱。

6. 对称背向开采

在建筑物下开采时，如果建筑物抵抗压缩变形的能力较大，而对倾斜和拉伸变形又十分敏感,则可采用对称背向的开采方法。例如，在保护建筑物正下方布置两个背向开采的工作面，在这种情况下，建筑物一开始就处于下沉盆地中央的压缩变形区内，不承受拉伸变形，不产生倾斜。这种方法一般只是在回采十分重要的单个建筑物煤柱时才采用。

6.4.1.2　建筑物结构保护措施

见本书5.7节建筑物结构保护措施。

6.4.2　水体下开采防塌措施

6.4.2.1　留设安全煤岩柱

1. 留设防水安全煤岩柱

在水体底界面至煤层开采上限之间所留设的防止水体溃入井下的岩层称为防水安全煤岩柱。

防水安全煤岩柱的高度等于预计的导水裂隙带最大高度加上适当的保护层厚度。即

$$H_{sh}=H_{li}+H_b$$

式中 H_{li}——导水裂隙带最大高度；

H_b——保护层厚度。

如果煤系地层无松散层覆盖或采深较小，在留设防水安全煤岩柱时还应考虑地表裂隙深度，即

$$H_{sh}=H_{li}+H_b+H_{dili}$$

式中 H_{dili}——地表裂隙深度，根据经验选定。

2. 留设防沙安全煤岩柱

在松散弱含水层底界面至煤层开采上限之间，为防止流沙溃入井下而保留的岩层块段称为防沙安全煤岩柱。

防沙安全煤岩柱的高度等于冒落带高度加上保护层厚度，即

$$H_s=H_m+H_b$$

式中 H_m——冒落带高度。

在开采急倾斜矿层时，一般只留设防水安全煤岩柱。只有在十分不利的情况下，才能留设防沙安全煤岩柱，并且在留设时一定要考虑到矿层本身的抽冒及重复采动的影响。

3. 留设防塌煤岩柱

在松散黏土层和已经疏干的松散含水层底界面与煤层开采上限之间，为防止泥沙塌入采空区而保留的岩层块段称为防塌煤岩柱。留设防塌煤岩柱时是允许导水裂隙带和冒落带波及松散弱含水层底部的，所以在开采过程中采区涌水量会有所增加，但不会发生灾害性的后果。

防塌煤岩柱的垂高等于冒落带的高度，此时不考虑保护层的问题，即

$$H_t=H_m$$

式中符号的意义同前。

6.4.2.2 水体处理措施

水体处理措施主要包括两个方面：疏降水体和处理水体补给来源。

1. 疏降水体措施

当回采上限接近松散含水层或煤层直接顶板即为含水层时，必须适时地对水体采取疏降措施。其优点是煤炭回收率高，生产安全；缺点是必须增加疏排水设备及必要的辅助工程，增加了成本。

钻孔疏降是现场应用最为普遍的疏降方法，可以在工作面上方地表打大口径钻孔，安装深水泵，排水疏降；亦可在工作面上下巷道内向煤层顶底板含水层打钻孔，放水疏降。

巷道疏降即有意地把运输大巷、石门和上下主要巷道布置在需要疏降的含水层内，利用巷道揭露岩溶裂隙水和溶洞水，采用大泵量排水，降低水位。

回采疏降即根据地质采矿条件、含水层特点及矿井开拓布局，掘进疏水巷道或石门后，再在其中打钻孔穿透含水层放水。

回采疏降让回采工作面的涌水量顺运输巷道自动排出，以达到疏降水体的目的。当回采上限接近全砂含水松散层时，可先回采深部煤层，以利疏干含水层，然后再回采浅部含水层。

2. 处理水体补给来源

在回采前用水文地质、工程地质方法对补给水体的主要来源进行处理称为处理水体补给来源。一般采用堵截、防渗防透、改道泄水等措施。

河道改道：通过这个方法把矿区的河流引向矿区或采区影响范围以外，这是改善水体下采矿条件最有效的方法。

帷幕注浆堵水：是利用成排的钻孔将黏土、水泥等材料注入含水层中，切断地下水补给通道。

巷道截水：是对于山地矿区或露天矿区，在岩层内部开凿专门巷道截水，切断含水层补给的一种方法。

地面防水：是改变水体补给的一项主要措施，有筑拦洪坝、建水库、挖鱼塘、填裂隙、铺河床、修水库、排内涝等。

6.4.2.3 地下开采的技术措施

采取开采技术措施，旨在减轻覆岩破坏的影响，并与留设安全煤岩柱措施相配合，以期达到水体下安全采煤的目的。

1. 分层(分阶段)间歇开采

分层间歇开采是将原煤层按倾斜分层或按水平分层的开采方法。它能使覆岩的破坏高度比一次采全厚的破坏高度小得多。同时，使整个覆岩形成均衡破坏，防止了不均衡破坏对水体的影响。对于厚松散层下浅部煤层开采或安全煤岩柱中基岩厚度较小的情况，分层间歇开采具有更加明显的效果。

在倾斜分层走向长壁式开采时，要尽量减小第一、二分层的开采厚度，同时增大分层开采之间的时间间隔。上、下分层同一位置的回采间隔时间应大于 4～6 个月，如果覆岩坚硬，间隔的时间还要长。

在急倾斜煤层开采时，应把一个开采水平分成几个小阶段开采，并尽量减小第一小阶段的垂高，同时加大定向方向连续回采的长度。此时还应严禁超限开采，防止煤柱抽冒。

2. 充填开采

采用充填法管理顶板是水体下采煤的最有效措施之一。它可以大大减小安全煤岩柱的尺寸。因为用外来材料及时充填采空区，使覆岩受到充填物的支撑，一般不会发生冒落性破坏，同时开裂性破坏高度也将有所降低。

常用的充填方法有水砂充填、风力充填和自溜充填三种。前者效果好，后两种次之。

3. 分区开采

分区开采就是在水体下回采以前，在采区与采区之间设置隔离煤柱或永久性防水闸，或是利用独立的井口和采区进行单独开采。这样一旦发生突水，可以有效地加以控制。在浅部开采且水源补给充足的条件下适用此方法。

4. 其他措施

1) 避免冒落岩块和煤块流失

冒落到采空区内的岩块和煤块能靠其碎胀性充填采空区，如果这些岩块和煤块流失，相当于增加了采出厚度，覆岩破坏高度自然要增大。避免冒落岩块和煤炭流失的办法是，提高金属网假顶的连接质量，防止在回风巷工作面交叉点处发生冒顶。

2) 工作面留设护顶煤和将回风巷布置在底板内

在水体下开采浅部煤层时，如顶板因风化而破碎、松散，或者煤层与含水砂层直接接触，可以采取留护顶煤的方法防止工作面顶板局部冒落。也可以将回风巷布置在底板岩层内，起到预先疏降的作用。

3) 保持正规循环

工作面的正规循环，不但是防止顶板事故的有效措施，而且也有益于水体下采煤。因为正规循环能保证工作面匀速推进，防止顶板隔水层超前断裂，保持隔水层的隔水性能。

6.4.3 铁路下开采防塌措施

铁路下采煤时有两种技术措施可供选择：地面线路维修措施和井下开采措施。根据具体情况可单独采用其中一种或者两种联合使用。

6.4.3.1 减小地表下沉值

铁路路基在竖直方向上的移动和变形的大小是由地表下沉的大小决定的，因此减少铁路变形危害的主要途径就是减小地表下沉。但是限于目前的技术措施，地表下沉只能减小而不能完全消除。在采取减小下沉的开采措施时，地面的维修措施仍然是必不可少的。但如果地面的维修工作能保证线路的安全运行，井下的开采措施却不一定非采用不可。

减小地表下沉的最有效的顶板管理方法是充填法。用外来材料充填采空区的效果，取决于充填方法、充填率、充填材料及顶板岩石性质等因素。水砂充填效果好，风力充填和自溜矸石充填效果较差。带状充填法是沿走向每隔一定距离砌一个矸石带支承顶板，它属于局部充填方法。如果垒砌质量好，地表下沉量可以减小，如果垒砌质量不好，不但起不到应起的作用，反而会使地面路线随着垒砌矸石带的被压跨而出现突然下沉。

条带式开采，特别是条带加充填，对减小地表下沉是有效的，但回采率低。

6.4.3.2　防止地表突然下沉

在缓倾斜、倾斜厚煤层浅部开采时，应尽量采用倾斜分层采矿法，并适当减小第一、二分层的开采厚度，这样可以抑制覆岩冒落高度的发展，从而减小地表突然下沉的危险性。

开采急倾斜矿层时，应采用水平分层采矿法，不要使用沿倾斜方向一次暴露较大空间的落跺式或倒台阶式采煤法。这样可以阻止上山方向煤层与岩体的抽冒，防止地表突然下沉。

煤层顶板坚硬，不易冒落时，应采用人工放顶，防止因空顶面积过大而突然垮落。特别是在铁路通过的煤层露头下方的工作面有此类坚硬顶板时，必须强制放顶。

老采空区、废巷等是铁路下采煤的隐患，需调查它们是否已被充填满，并应防止井下采矿时把其中的积水流空而造成地表突然塌陷。

6.4.3.3　合理布置采区

尽量将采空区布置在线路的正下方，人为地使线路位于下沉盆地的主要面上，并与工作面推进方向平行。

在铁路下方不要留设孤立的残存煤柱，尤其在浅部开采时更应注意，以便使线路平缓下沉。

采用协调开采方法可以减小采动过程中地表和线路的变形。两个工作面的错开距离要适当，以使其中一个煤层开采引起的地表压缩与另一个煤层开采引起的地表拉伸相抵消。在铁路桥梁、隧道等对变形比较敏感的建筑物下采煤时，采用协调开采方法是一种较为有效的措施。

采用分层间歇式开采可以明显降低地表下沉速度，因此也可作为减小采动过程中变形的措施之一。

6.4.4　实例

近20年来，“三下”采煤技术的应用给矿区带来了巨大的经济效益。但近几年来，为体现“以人为本”的思想，通过大量的研究工作，该项技术趋于成熟，基本上做到了经济上合理、技术上可行。本书限于篇幅，只考虑一个村庄下连续整体塌陷采煤实例。

郑州矿区王庄煤矿村庄下压煤较多，其中55031及55051面上覆村庄相当集中，总面积达9 510 km^2，建筑物多为土结构，部分为砖混结构，另有少量民居窑洞，抗拉、抗剪强度低。平均煤厚5.5 m，倾角8°～10°，煤质松软易粉化。煤层及顶、底板均为软岩，其他地质条件及水文条件简单，对回采影响较小。村庄下采煤可行性分析如下：

(1)煤层赋存总体比较稳定，结构较简单，且上覆岩层均为砂质泥岩和砂岩、页岩互层，塑性较好，采用全陷法回采，可以形成比较有规则的连续塌陷。

(2)煤层赋存有一定的深度，其深厚比为H/M=90，参照条件相近的煤田资料，深厚比在85以上时，一般建筑物仅会受轻微破坏。

(3)根据该采区其他回采面开采后塌陷区的情况，在充分采动区内无明显裂隙。

由此分析，该区域具备不搬迁回采的可能性。决定通过回采设计及现场管理，采取针对性措施将55031和55051两面布置为对拉工作面，以期通过上覆岩层连续整体下沉实现村庄下采煤。

回采设计及主要措施如下：

(1)采用两采面对拉布置整体推进回采。上面采用炮采，下面采用综采，上面超前下面 1 ~ 3 m；上面的上巷和下面的下巷为运料轨道巷，中巷为公用运输巷，采用 SQJ–1000 胶带输送机运煤，一进两回通风。

(2)为使塌陷区变形一致，炮采及综采平均采高均为 2.2 m。为确保塌陷区的连续整体下沉，根据邻区资料，工作面月进尺不低于 45 m，否则地面会形成断裂台阶而使建筑物破坏。

根据豫西“三软”煤层赋存条件、矿压特征，采用连续塌陷整体建筑物下开采方法，经济效果十分显著。

6.5　采空区塌陷灾害的防治综合系统

采矿塌陷防治的目的，是减轻人为灾害，改善矿区环境。今后应当提倡以防为主、防治结合的原则，采取相应的措施能够大大减少矿山塌陷的范围、塌陷幅度，减缓塌陷的时间进程，减轻塌陷的危害程度。具体的综合治理措施见表 6-4。

表 6-4　采空区塌陷综合治理措施

<table>
<tr><th>序号</th><th>技术</th><th colspan="2">主要方法</th></tr>
<tr><td rowspan="10">1</td><td rowspan="10">土地复垦</td><td colspan="2">改旱地为水田</td></tr>
<tr><td colspan="2">井上、井下疏、排水——降低地下潜水位高度</td></tr>
<tr><td colspan="2">挖深垫浅或围盆造田</td></tr>
<tr><td rowspan="6">发展塌陷区“立体型”生态农业</td><td>外缘带——旱作物</td></tr>
<tr><td>外缘带内——水生作物</td></tr>
<tr><td>水旱过渡带——林业(喜湿林木)</td></tr>
<tr><td>牧业(喜湿牧草)</td></tr>
<tr><td>积水区边缘带——养殖业(水禽、小水兽及高产值养殖业)</td></tr>
<tr><td>积水区——养鱼业(提倡网箱养鱼)</td></tr>
<tr><td>矸石、废石</td><td>综合利用</td></tr>
</table>

续表 6-4

<table>
<tr><th>序号</th><th>技术</th><th colspan="2">主要方法</th></tr>
<tr><td rowspan="3">2</td><td rowspan="3">村镇迁建</td><td colspan="2">矸石、废石回填，强夯加固，人造迁建地基</td></tr>
<tr><td colspan="2">设计抗变形建筑物</td></tr>
<tr><td colspan="2">环境优美、美化</td></tr>
<tr><td rowspan="3">3</td><td rowspan="3">注浆充填</td><td colspan="2">全充填注浆</td></tr>
<tr><td colspan="2">条带充填注浆</td></tr>
<tr><td colspan="2">墩台式充填注浆</td></tr>
<tr><td>4</td><td>桩基础处理</td><td colspan="2">混凝土灌注桩</td></tr>
<tr><td rowspan="4">5</td><td rowspan="4">工程本身结构保护措施</td><td colspan="2">建筑物加固措施</td></tr>
<tr><td colspan="2">铁路维修措施</td></tr>
<tr><td colspan="2">水体处理措施</td></tr>
<tr><td colspan="2">其他保护措施</td></tr>
<tr><td rowspan="5">6</td><td rowspan="5">采矿技术措施</td><td colspan="2">充填法管理顶板：干式充填法、水砂充填法</td></tr>
<tr><td colspan="2">局部开采</td></tr>
<tr><td colspan="2">协调开采</td></tr>
<tr><td colspan="2">控制开采</td></tr>
<tr><td colspan="2">留设保护煤柱</td></tr>
<tr><td>7</td><td>离层注浆</td><td colspan="2"></td></tr>
<tr><td rowspan="2">8</td><td rowspan="2">特殊条件下开采保护措施</td><td rowspan="2">建筑物下开采</td><td>井下：①留设保护煤柱；②全柱开采；③择优开采；④连续开采等</td></tr>
<tr><td>井上：①预留变形缝；②钢拉杆加固；③钢筋混凝土圈梁加固；④钢筋混凝土锚固板加固等</td></tr>
</table>

续表 6-4

序号	技术	主要方法	
8	特殊条件下开采保护措施	水体下开采	井下：1.留设安全煤岩柱主要包括：①留设防水安全煤岩柱；②留设防沙安全煤岩柱；③留设防塌煤岩柱。2.地下开采的技术措施：①分层(分阶段)间歇开采；②充填开采；③分区开采；④其他技术措施
			井上：水体处理措施：①疏降水体处理措施；②处理水体补给来源
		铁路下开采	井下：开采技术措施：①充填开采；②分层开采防止地表突然下沉；③合理安排采区和铁路线的关系
			井上：地面维护技术措施主要有填道渣抬高路基、拨道、起道

第 7 章　结论与建议

7.1　结　论

7.1.1　主要工作成果

(1)通过对河南省不同地质类型、开采方式、产生现状等煤矿基本情况的调查，在收集资料的基础上，基本查明、总结了煤矿开采对地质环境的影响及煤矿采空塌陷所产生的环境地质问题。

(2)根据煤矿开采沉陷学中的砖混结构建筑物损坏等级和煤矿采空塌陷区所在位置、建筑物的特点及其经济发展趋势，将地表分为城区、乡镇、村庄、农田及荒地等四类，将采空塌陷严重程度分为：严重、次严重、轻微和无塌陷等四类，对煤矿采空塌陷问题现状进行了评述。

(3)通过对 15 个重点煤矿采空塌陷区进行大比例地质灾害填图，划分了地质灾害分区，准确圈定了不同类型灾害形式的平面分布范围；探讨重点区煤矿采空塌陷区形成机理、分布特征、影响因素、危害程度及发展趋势，并对不同类型的塌陷形式，综合地面建筑物的情况提出了相应的治理方案。

(4)在查明煤层采空塌陷区地质环境的基础上，总结采空塌陷区上覆地层移动规律，提出了场地稳定性评价参数和方法，建立了采空塌陷的地质模型，结合国内各个行业、不同建筑物对变形的要求，提出了具体的防治措施和各种治理方法的适用范围，用以指导今后煤矿采空塌陷区的综合治理工作。

(5)根据现有采空塌陷成因分析与研究，提出了在采煤过程中减轻塌陷的技术措施，尽可能地把人为采矿活动所造成的环境损失降到最低。

(6)本次调查取得的矿山地质环境资料和数据，按照《县(市)地质灾害调查与区划》项目空间数据库系统建设技术要求及《县(市)地质灾害调查与区划基本要求实施细则》，建立了图形数据库，为矿山企业管理部门提供了现代化的管理系统。

7.1.2　几点认识

(1)采空区塌陷灾害是一个世界性难题，西方发达国家包括德国著名的鲁尔矿区都曾不可避免地遇到类似难题。但凡进行煤炭开采的企业，都会由于采空塌陷这一煤矿特有的生产破坏形式，从而带来一系列的社会、经济和环境问题；造成人与自然的不和谐，严重制约了国民经济的健康稳定发展。值得庆幸的是，部分煤矿已针对采空塌陷问题陆续开展了专项研究工作，并有步骤地展开了对其的综合治理利用，收到了良好的成效。

(2)河南省是一个采煤大省，煤炭资源非常丰富，已开采的煤矿众多，都不同程度地存在采空塌陷危害。由于采空塌陷对耕地、矿山环境、地表建筑物及其设施的破坏在全省范围内都还非常严重，因而对采空塌陷的研究、治理及利用的任务十分艰巨。

(3)河南省幅员辽阔，丘陵、山区和平原地貌单元都有分布，因采煤造成的采空塌陷可分为丘陵型塌陷、山区型塌陷和平原型塌陷三大类；按照地面塌陷程度、地表附着物的破坏程度不同，又可分为塌陷严重区、塌陷次严重区、塌陷轻微区、无塌陷区四类。已有的煤矿采空区及其相关的地质灾害调查研究成果为全省的采空塌陷区调查与治理提供了较为科学的依据。就灾害特点上，其具有群发性、衍生性、区域性、持续时间长期性、不可避免性和可预防性等特性，以上特性决定了对采空塌陷区的治理必须依靠科学的理论、先进的施工工艺。

(4)采空区塌陷综合治理在目前经济、技术层面上都能实施，已有众多成功的经验可借鉴，应依靠各级政府的管理和相应的法律法规，发挥煤矿企业各部门的积极性，治理塌陷和减少塌陷并重；以治为主，改善采空塌陷区的地质环境，尽快解决由地面塌陷引起的诸多问题，消除不利影响，减少损失，全面构建和谐社会。

7.2 建 议

(1)建立和完善有关煤矿资源开采、开发生态环境补偿机制，让破坏者付费恢复，利用者补偿，开发者保护，并将此机制尽快纳入法制化轨道。

国家应尽快制定绿色 GDP 考核指标体系,激励地方政府树立可持续发展的政绩观。煤炭是工业的粮食，土地是财富之母，可以说二者对国民经济的发展同等重要，关键是如何处理好煤炭开采后土地塌陷引起的一系列问题，这是关系到一个国家、民族经济发展和人类生存的根本性问题。保护矿山环境和生态安全是实现我国矿产资源可持续发展战略的重要保证。因此，必须本着有利于河南省工农业可持续协调发展的理念，既能保证煤炭生产的正常进行，又能处理好土地塌陷后的治理问题；把宏观和微观结合起来，全方位考虑采煤塌陷地的综合治理途径。

(2)对现有采空区塌陷灾害进行治理时，应组织农业、林业、公路、铁路、水利水电等部门，根据具体的地面建筑物的要求，尽快制定全国性的、各部门适用的技术规范，做到有章可循，以供政府管理部门、企业、勘察设计人员使用。

(3)采矿塌陷防治的目的，是减轻人为灾害，改善矿区环境。以往多是在塌陷区形成且造成危害以后，才着手进行治理，这种

“滞后”的治理行为，常常是事倍功半。今后应当提倡以防为主、防治结合的原则，在塌陷区形成之前，就采取“超前”防治措施。即在制定开采设计时就考虑预防措施,并在开采进行中认真实施，包括在采矿过程中所使用的各种“减塌技术和措施”，如充填采矿法、条带采矿法以及井下支护和岩层加固措施等。采取这些措施能够大大减少矿山塌陷的范围、塌陷幅度，减缓塌陷的时间进程，减轻塌陷的危害程度。

(4)加强采空塌陷区地质灾害监测预报，实施矿山地质灾害治理工程，对大面积的地面塌陷地段可进行土地复垦。对于危害程度较小的地质灾害要建立地质灾害监测体系,加强预报预警工作，确保人民群众生命财产安全。

参考文献

[1] 河南省统计局. 河南统计年鉴(2000年)[M]. 北京：中国统计出版社，2000.

[2] 河南省地质矿产厅. 河南省地质矿产志[M]. 北京：中国展望出版社，1992.

[3] 河南省地质矿产局. 河南省区域地质志[M]. 北京：地质出版社，1989.

[4]《中国煤炭志》编纂委员会. 中国煤炭志·河南卷[M]. 北京：煤炭工业出版社，1996.

[5] 河南煤炭工业厅. 河南煤炭50年[M]. 北京：煤炭工业出版社，1999.

[6] 煤炭部地质局. 中国主要煤炭资源图集河南部分[M]. 北京：煤炭工业出版社，1990.

[7] 国家煤炭工业局. 建筑物、水体、铁路及主要井巷煤柱留设与压煤开采规程[M]. 北京：煤炭工业出版社，2000.

[8] 孙忠弟. 高等级公路下伏空洞勘探、危害程度评价及处治研究报告集[M]. 北京：科学出版社，2000.

[9] 何万龙，胡海峰. 山区采动地表变形及坡体稳定性分析[M]. 北京：中国科技出版社，2002.

[10] 孙忠弟. 高速公路采空区(空洞)勘察设计与施工治理手册[M]. 北京：人民交通出版社，2005.

[11] 邹友峰. 采动损害与防治[M]. 徐州：中国矿业大学出版社，1996.

[12] 何国清. 矿山开采塌陷学[M]. 徐州：中国矿业大学出版社，1982.

[13] 王金庄. 矿山开采塌陷及其损害防治[M]. 北京：煤炭工业出

版社，1995.
[14] 颜荣贵. 地基开采塌陷及其地表建筑[M]. 北京：冶金工业出版社，1995.
[15] 狄乾生. 开采岩层移动工程地质研究[M]. 北京：中国建筑工业出版社，1992.
[16] 李树志，周锦华，张怀新. 矿区生态破坏防治技术[M]. 北京：煤炭工业出版社，1998.
[17] 韦冠俊，蒋仲安，金龙哲. 矿山环境工程[M]. 北京：冶金工业出版社，2001.
[18] 尹国勋. 煤矿环境地质灾害与防治[M]. 北京：煤炭工业出版社，1997.
[19] 李永树. 地面塌陷灾害预报与防治方法[M]. 北京：中国铁道出版社，2001.
[20] 郭达志，盛业华，胡明星，等. 矿区环境灾害动态监测与分析评价[M]. 徐州：中国矿业大学出版社，1998.
[21] 纪万斌. 塌陷灾害治理与工程[M]. 北京：煤炭工业出版社，1992.
[22] 张梁. 地质灾害灾情评估理论与实践[M]. 北京：地质出版社，1998.
[23] 徐乃忠. 采动离层充填减沉理论与实践[M]. 北京：煤炭工业出版社，2001.
[24] 王国际. 注浆技术理论与实践[M]. 徐州：中国矿业大学出版社，2000.
[25] 叶书麟. 地基处理工程实例应用手册[M]. 北京：中国建筑工业出版社，1998.
[26] 胡振琪. 采煤沉陷地的土地资源管理与复垦[M]. 北京：煤炭工业出版社，1996.
[27] 张国梁. 矿区环境与土地复垦[M]. 徐州：中国矿业大学出版

社，1997.

[28] 颜荣贵. 地基开采塌陷及其地表建筑[M]. 北京：冶金工业出版社，1995.

[29] 潘懋，李铁锋. 灾害地质学[M]. 北京：北京大学出版社，2002.

参考资料

[1] 河南省地质环境监测总站. 河南省地下水资源评价报告[R]. 2002.
[2] 河南省地质测绘院. 河南省 1∶50 万地质图说明书[R]. 2000.
[3] 河南省地质科学研究所. 河南省矿山地质环境调查[R]. 2002.
[4] 太原理工岩土工程公司,煤炭工业部郑州设计研究院. 河南省平顶山矿区采煤塌陷情况报告[R]. 2002.
[5] 河南省地矿建设工程(集团)有限公司，平顶山煤业(集团)有限责任公司. 河南省平顶山矿区地质环境调查评价与防治报告[R]. 2002.
[6] 郑州煤炭工业(集团)有限责任公司,煤炭工业部郑州设计研究院. 河南省郑州矿区采煤塌陷受灾情况报告[R]. 2002.
[7] 河南省地质科学研究所. 河南省矿产开发利用规划[R]. 2002.
[8] 河南省地质矿产勘查开发局第一地质工程院，河南省地质环境监测总站. 河南省区域环境地质调查报告[R]. 2001.